B. A. Rubin / E.W. Arzichowskaja

Biochemische Charakteristik der Widerstandsfähigkeit der Pflanzen gegenüber Mikroorganismen

Biochemische Charakteristik der Widerstandsfähigkeit der Pflanzen gegenüber Mikroorganismen

von

B. A. Rubin / E. W. Arzichowskaja

Mit 17 Abbildungen im Text und auf 3 Tafeln

1953

AKADEMIE-VERLAG · BERLIN

Рубин, Б. А.-Арциховская, Е. В.
Биохимическая характеристика стойкости растений против микроорганизмов
Erschienen im Verlag der Akademie der Wissenschaften der UdSSR 1948

Übersetzt aus dem Russischen von Dr. Erwin Kraack
Wissenschaftliche Redaktion: Dr. habil. M. Ulmann, Institut für Ernährungsforschung, Potsdam-Rehbrücke

Die Herausgabe dieses Werkes wurde gefördert vom Kulturfonds der Deutschen Demokratischen Republik

Erschienen im Akademie-Verlag GmbH, Berlin NW 7, Schiffbauerdamm 19
Lizenz-Nr. 202 · 100/4/53

Satz, Druck und Bindung: IV/2/14 - VEB Werkdruck Gräfenhainichen - 169
Bestell- und Verlagsnummer: 5113
Printed in Germany

Inhaltsübersicht

Einführung

Untersuchungen zu den Fragen nach der Widerstandsfähigkeit von Pflanzen gegenüber Mikroorganismen werden bereits seit einigen Jahrzehnten durchgeführt. Die Richtung der Forschungsarbeiten auf diesem Gebiet wurde in starkem Maße durch diejenigen Auffassungen bestimmt, die aus dem Gebiet der Immunitätsforschung der Tiere übernommen worden waren, und entwickelte sich unter direktem Einfluß der darin verankerten Ideen und Anschauungen.

Ungeachtet einer gewissen Gemeinsamkeit des Verhaltens kranker Pflanzen und Tiere, bestehen trotzdem gerade auf dem Gebiet der Immunität recht wesentliche Unterschiede.

Vor allem ist hervorzuheben, daß sich die Zellwände bei Pflanzen vorwiegend aus komplizierten Kohlehydraten zusammensetzen, die in einigen Fällen (beispielsweise bei den Deckgeweben) mit inkrustierenden Elementen (Lignin, Suberin und andere) verbunden sind. Die Zellwände des tierischen Organismus bestehen dagegen aus Albuminoiden. Allein dieser Umstand bestimmt die recht wesentlichen Unterschiede zwischen der gewöhnlichen Zusammensetzung derjenigen Mikroflora, die im tierischen Organismus parasitär wirkt, und der Mikroflora der höheren Pflanzen. Die Notwendigkeit der Überwindung eines Hindernisses verschiedener Stärke von kutinisierten Zellen erfordert von den Parasiten der Pflanzen bereits im Anfangsstadium der Infektion, nämlich beim Eindringen ins Gewebeinnere, eine besondere Aktivität. Beim Tier hingegen gelangen die Parasiten passiv ins Innere des Organismus; die Widerstandsreaktion beim Eindringen fehlt hier in der Regel. Wesentliche Bakteriengruppen, denen die Komplexe der zytolytischen Fermente fehlen, sind nicht in der Lage, bei Pflanzen parasitär zu wirken, wodurch auch die geringere Verbreitung der pflanzlichen Bakteriosen im Vergleich zu Mycosen bedingt ist[1].

[1] Unsere Zusammenfassung ist hauptsächlich der Charakteristik der gegenseitigen Beziehungen der Pflanze zur Pilzmikroflora gewidmet und berührt die Physiologie der pflanzlichen Bakteriosen fast gar nicht. Bei solch einer Beschränkung unseres Themas gingen wir nicht nur von Gesichtspunkten einer geringeren Verbreitung der bakteriellen Infektion, sondern auch vom Bestehen einer großen Ähnlichkeit derjenigen physiologisch-chemischen Vorgänge aus, die den wichtigsten Abschnitten ihrer Entwicklung und Verbreitung zugrunde liegen, mit denjenigen Prozessen, die die Pilzerkrankungen begleiten (Sawulescu, 1936). Charakteristische Ausnahmen werden weiter unten besonders besprochen.

Die vorwiegende Verbreitung der Bakteriosen unter Tieren und der Mycosen in der Pflanzenwelt hängt möglicherweise auch mit dem Unterschied des Temperaturoptimums der Entwicklung dieser Gruppen pathogener Mikroorganismen zusammen. Eine nicht genügend hohe Temperatur der Pflanzengewebe kann einen Faktor darstellen, der die Bakterienzahl, die auf Pflanzen leben, beschränkt, da eine große Anzahl von Vertretern dieser Parasitengruppe verhältnismäßig thermophil ist. Andererseits kann die fast völlige Ausschaltung der Pilze aus der Zahl der krankheitserregenden Mikroorganismen der Tiere teilweise auch dem zugeschrieben werden, daß die Körpertemperatur der Tiere an der obersten Entwicklungsgrenze der Mehrzahl der Vertreter dieser Klasse von Parasiten liegt.

Die Arten und Wege, durch die eine Infektion erfolgt, sind von größter Bedeutung für die Geschwindigkeit der Infektionsausbreitung im tierischen und pflanzlichen Organismus. Bekanntlich erfolgt die Infektionsausbreitung bei Tieren durch das durch den ganzen Körper zirkulierende Blut und die Lymphe. In der Pflanze sind die Parasiten jedoch gezwungen, sich den Weg von Zelle zu Zelle zu bahnen, indem sie sich alle ihnen zur Verfügung stehenden mechanischen und chemischen Mittel zunutze machen. Die Analogien, die nicht selten zwischen dem System des Blutkreislaufes der Tiere und dem Gefäßsystem der Pflanzen gezogen werden, können durchaus nicht als unbegründet angesehen werden. Überzeugend sind in diesem Sinne die Untersuchungen von CALDWELL (1931), der darauf hinwies, daß eine Pflanze, deren Gefäßbündel mit einer sehr aktiven Viruskultur angereichert sind, unbestimmt lange Zeit uninfiziert bleibt, wenn diejenigen Gefäße nicht verletzt sind, die an das Parenchym angrenzen.

Die Widerstandsfähigkeit gegenüber dem Eindringen von Parasiten und ihrer Ausbreitung, die bei Immunitätserscheinungen bei Tieren keine irgendwie wesentliche Rolle spielt, erweist sich infolgedessen bei höheren Pflanzen als ein überaus wichtiges Moment. Einige weiter unten angeführte Tatsachen, die Arbeiten von HAWKINS und HARVEY (1920) entnommen wurden, geben eine gewisse Vorstellung über die tatsächliche Bedeutung der Widerstandsfähigkeit gegenüber einer Infektionsausbreitung bei Pflanzen. Nach diesen Untersuchungen verlief das Vordringen des Pilzes Pythium Dabaryanum durch die Zellwände von Kartoffelknollen je nach der Widerstandsfähigkeit der Sorte mit einer Geschwindigkeit von 102—436 μ in 24 Stunden, d. h. von 4—18 μ je Stunde.

Das Fehlen eines zentralen Reizüberträgers bei Pflanzen in Gestalt eines Nervensystems, dient hinsichtlich der Immunitätsreaktionen ebenfalls als wichtiges Unterscheidungsmerkmal gegenüber Tieren. Viele Verfasser betrachten diese Eigenart des pflanzlichen Organismus als Hauptursache des lokalen Charakters einer Reaktion der Pflanzen gegenüber Infektionen. Als Beispiel hierfür bringen wir, nach Angaben von EGLITS, Kurven von Temperaturen (Abbildung 1), die an einigen Stellen einer durch Bacillus phytophthorus infizierten Kartoffelknolle in verschiedener Entfernung von der Infektionsstelle gemessen wurden (EGLITS, 1933).

Eglits zeigte, daß bei der Knolleninfektion die Temperatur der Knolle ansteigt, sie ist am höchsten am Infektionsherd. Je nach Entfernung von diesem Punkt wird die Reaktion immer weniger wahrnehmbar.

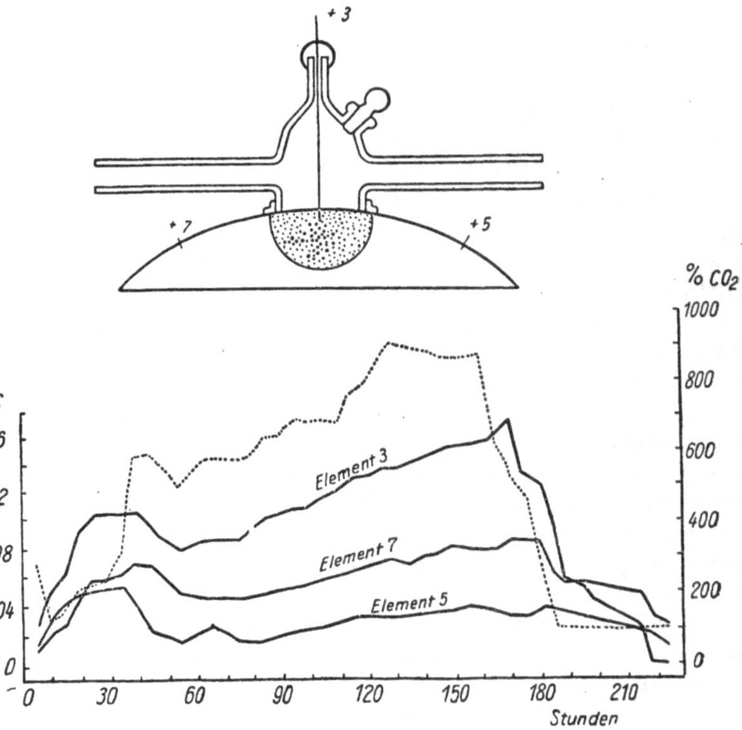

Abb. 1. Temperatur- und Atmungskurven einer durch Bacillus phytophthorus (nach Eglits) infizierten Kartoffelknolle. ----- Atmung, ——— t°.

Aus den dargestellten Kurven ist zu ersehen, daß die Reaktion der Kartoffelgewebe, die im vorliegenden Fall durch die Temperatur festgestellt wird, bereits in einer Entfernung von 5 cm vom Ansteckungszentrum (mit „Element 7“ bezeichnete Kurve) kaum wahrnehmbar wird.

Indem wir uns der Terminologie zuwenden, ist hervorzuheben, daß man unter Immunität bekanntlich die Unempfänglichkeit einer Erkrankung gegenüber versteht, die beim lebenden Organismus beim unmittelbaren Kontakt mit solchen Parasiten, die befähigt sind diese Krankheit zu verursachen, in Erscheinung tritt. Klar und eindeutig ist diese Definition hinsichtlich des tierischen Organismus, bei dem die Immunität in der Regel im Vorliegen spezifischer Stoffe im Blut beruht, die entweder eine Äußerung konstitutioneller Eigenschaften des Organismus sind, oder eine Folge dessen Reaktion auf einn Infektion hin, die bereits früher überstanden war, darstellen. Hierbei können virulente pathogene Mikroorganismen unbestimmt lange Zeit im Körper des Tieres leben, ohne ihm einen offensichtlichen Schaden zuzufügen.

Komplizierter ist die Frage der Anwendung der oben gebrachten Definition bei Äußerungen der Wechselbeziehungen zwischen Parasit und Pflanze. Eine Reihe von Verfassern schlägt vor, analog wie bei tierischen Organismen die Bezeichnung „Immunität" nur für Fälle erworbener Widerstandsfähigkeit zu verwenden, die durch Bildung von besonderen, sogenannten „Pseudoantikörpern" in den Pflanzengeweben bedingt sind. Literatur: Kaljajew (1936), Shukowski (1945), wie auch die Zusammenstellung von Foister (1935, 1939).

Köhler (1929) betrachtet diejenige Pflanzengruppe (Gattung, Familie, Art, Abart), die dem Befall bestimmter Parasiten unterworfen ist, als eine Gruppe, in der eine gegenseitige Verwandtschaft von Wirtspflanze und Parasit besteht. Außerhalb dieses Kreises herrscht Immunität vor, die durch das Fehlen irgendwelcher Wechselwirkungen zwischen Pflanze und Parasit gekennzeichnet ist. Innerhalb dieses Kreises sind jedoch im wesentlichen alle Äußerungen eines verschiedenen Grades der Empfänglichkeit oder Widerstandsfähigkeit höherer Pflanzen gegenüber Erkrankungen zusammengefaßt, die zur Kategorie natürlicher Eigenschaften und Merkmale der Pflanze zählen.

Die von einigen Verfassern vorgeschlagene eingehendere Klassifizierung der Widerstandsfähigkeit, bei der gleichfalls auch die Einwirkung der Umwelt auf die Wachstumsgeschwindigkeit des Wirts, auf den Charakter der Wechselbeziehungen zwischen Wirtspflanze und Parasit usw. berücksichtigt werden, haben nur ein spezielles Interesse.

Bei Betrachtung der Fragen nach der Widerstandsfähigkeit verdienen interessante Äußerungen von Dunajewski (1943) Berücksichtigung, der es für erforderlich hält, nicht nur den Resistenzgrad, der für eine Pflanze charakteristisch ist, sondern auch die „Resistenzreserve" zu berücksichtigen.

Somit müssen sowohl die Widerstandsfähigkeit, als auch Empfänglichkeit zur Kategorie derjenigen Eigenschaften gezählt werden, die nur im Ergebnis eines Zusammentreffens der Wirtspflanze mit dem Mikroorganismus und der Herstellung eines engen Kontaktes zwischen ihnen, und zwar nicht nur eines anatomischen, sondern vor allem auch eines physiologischen Kontaktes, in Erscheinung treten. Als Resultat eines derartigen Kontaktes entsteht gewissermaßen ein neuer Organismus, der sich von denjenigen Komponenten qualitativ unterscheidet, die ihn bilden. Die Eigenschaften dieses Organismus entsprechen keineswegs der Summe der Eigenschaften der Wirtspflanze und des Parasiten. Sie entstehen als Ergebnis einer eigenartigen und stets sehr komplizierten Wechselwirkung zwischen Partnern, die auf einer spezifischen, für sie charakteristischen Fähigkeit einer gegenseitigen Wechselwirkung beruhen. Ein Übersehen dieser Tatsachen führt nicht selten zu falschen methodologischen Folgerungen. Indem sie hiervon geleitet werden, halten es einige Verfasser für möglich, Untersuchungen über Anzeichen der Widerstandsfähigkeit nur durch Gegenüberstellung derjenigen Daten durchzuführen, die für gesunde und kranke Pflanzen erhalten wurden, indem sie die gesunde Pflanze einer widerstandsfähigen und die kranke Pflanze einer empfänglichen Pflanze gleichstellten.

Die Äußerungen der Widerstandsfähigkeit einer höheren Pflanze gegenüber Mikroorganismen sind außerordentlich verschiedenartig und von unterschiedlichem Charakter. Infolge des beschränkten Umfanges vorliegender Arbeit sind wir gezwungen, von der Betrachtung einer ganzen Reihe wichtiger Fragen Abstand zu nehmen. Im besonderen handelt es sich hierbei um das ganze Gebiet der erworbenen Immunität. Hier wurden während der letzten Jahre viele Tatsachen festgestellt, die immer mehr auf das Bestehen der Fähigkeit der Pflanzen hinweisen, spezifische Stoffe auf eine Infektion hin zu bilden, die ihrer physiologischen Rolle nach den „Antikörpern" des tierischen Organismus nahestehen.

Wir verweilen auch nicht bei den Fragen nach der Widerstandsfähigkeit der Pflanzen gegenüber Viruskrankheiten, die in den von RYSHKOW (1939, 1944) zusammengestellten Zusammenfassungen über pflanzliche Viren einer Betrachtung unterlagen.

Einem Überblick über die Tatsachen, welche die Widerstandsfähigkeit der Pflanzen vom Gesichtspunkt der inneren biochemischen Ursache der vorliegenden Eigenschaft charakterisieren, muß eine Analyse der gegenseitigen Beziehungen der Wirtspflanze zum Parasiten zugrunde liegen. Der Charakter dieser gegenseitigen Beziehungen wird nicht nur durch Eigenschaften, die für jeden Partner bezeichnend sind, sondern auch durch die Einwirkung, die der Parasit auf den Chemismus der Wirtspflanze ausübt, sowie durch die Gegenreaktion bestimmt, die durch den Eingriff des Parasiten in der Wirtspflanze hervorgerufen wird.

In diesen gegenseitigen Beziehungen wird eine wichtige Rolle den physiologisch-chemischen Eigenschaften der Mikroorganismen zugewiesen. Infolgedessen ist eine, wenn auch nur flüchtige, Kenntnis der grundlegenden Begriffe auf diesem Gebiet erforderlich.

Abschnitt I

Die physiologische Kennzeichnung der Mikroorganismen

Bei Betrachtung der physiologischen Eigenarten von Mikroorganismen muß natürlicherweise die Hauptaufmerksamkeit denjenigen Stoffen geschenkt werden, die beim Prozeß ihrer Lebensfunktionen gebildet werden, und durch deren Vorkommen die Fähigkeit der Parasiten bedingt ist, eine bestimmte Wirkung auf die Wirtspflanze auszuüben, und zwar: die Wirtspflanze zu befallen und in ihre Gewebe einzudringen, in den Stoffwechsel aktiv einzugreifen und ihn zu stören.

Ungeachtet dessen, daß schon längst Arbeiten in dieser Richtung durchgeführt werden (die ersten Anfänge sind nicht weniger als 80 Jahre alt) birgt das Problem, das uns im ganzen interessiert, noch immer viele Unklarheiten. Dieser Umstand ist nicht nur durch die Unzulänglichkeit der allgemeinen Kenntnisse über das Wesen der sogenannten Widerstandsfähigkeit bedingt, sondern hängt vor allem mit der außerordentlichen Variation des Chemismus der Mikroben, der qualitativen Zusammensetzung und der Menge derjenigen Stoffe zusammen, die von ihnen während der Stoffwechselprozesse gebildet werden, die wiederum mit dem Charakter und den Eigenschaften des Nährbodens, sowie mit der physiologischen Eignung bestimmter Rassen und Stämme in Beziehung stehen. Gerade hiervon hängen nicht nur die Änderungen der Mengen an Fermenten, Säuren usw., die vom Organismus gebildet werden, ab, sondern auch die für Mikroben charakteristische Lebensweise und der Wechsel einer saprophyten Ernährungsart durch eine parasitäre und umgekehrt.

Der Pilz Botrytis cinerea, der bei seiner Entwicklung, wie zahlreiche Arbeiten gezeigt haben, als typischer Saprophyt beginnt, ist in dieser Hinsicht ein längst bekanntes Beispiel. Erst nach einem bestimmten Abschnitt einer saprophyten Lebensweise erwirbt er die Eigenschaften eines Parasiten[1].

Ähnliche Beispiele werden auch für andere Mikroorganismen angeführt, so in der Arbeit von PEARSON (1931) über Gibberella Saubinetii, die Maistriebe angreift, über Colletotrichum circicans in der Arbeit von WALKER (1929) und andere Fälle.

Gegenwärtig sind auch Übergangsfälle vom Parasitismus zur saprophyten Ernährungsweise untersucht worden.

---

[1] Näheres über diesen Pilz siehe in der Arbeit von RICE (1927).

So ist nach EMMONSS (1930) Auffassung Cicinnobolus Cosatii ein aktiver Parasit von Helianthus tuberosus, voll befähigt, auf dem von ihm selbst getöteten Gewebe seine Entwicklung fortzusetzen. Analoge Tatsachen führt ALLEN (1927) für Puccinia triticina an.

Bestimmte Veränderungen im innergeweblichen Stoffwechsel des Mikroorganismus müssen zweifellos solchen Übergängen zugrunde liegen.

Vom Gesichtspunkt der Evolution sind diese Tatsachen von großem Interesse, insofern als Mikroorganismen, die zur Änderung der Ernährungsweise befähigt sind, als Übergangsformen von saprophyter zur parasitären Lebensweise angesehen werden können.

Evolutionsmäßige Umwandlungen saprophyter Formen in parasitäre sind mit einer Spezialisierung, mit einer Verstärkung der Aggressivität und mit einer Vervollkommnung der Angriffsmittel gegenüber der Wirtspflanze untrennbar verbunden. Nur diese Eigenschaften ermöglichen dem saprophyten Pilz auch den Übergang zur parasitären Lebensweise. Die Umwandlung eines Saprophyten in einen Parasiten ist nur als Ergebnis einer Überwindung desjenigen aktiven Widerstandes durch den heterotrophen Organismus möglich, der ihm von der Wirtspflanze entgegengesetzt wird, sowie auch als Ergebnis der Erzielung eines erforderlichen Übergewichtes über andere Saprophytenarten.

Die Tendenz eines immer umfassenderen Zusammenhanges des Schicksals der Parasiten mit der Existenz einer bestimmten Pflanzenart stellt für die Evolution des Parasitismus in der Pflanzenwelt eine allgemeine biologische Gesetzmäßigkeit dar. Die Entwicklung des Parasitismus, die mit einer Spezialisierung unweigerlich zusammenhängt, führt zur Differenzierung der Parasiten in einzelne Arten, die bestimmten Arten der Wirtspflanze angepaßt sind. Eine weitere Entfaltung des Differenzierungsprozesses führt zur Entstehung von Biotypen der Parasiten. Die Differenzierungsprozesse enden hiermit jedoch nicht. In zahlreichen Fällen unterscheiden sich einzelne Parasitenarten auf Grund einer morphologisch-anatomischen Lokalisierung der von ihnen verursachten Verletzung. So lokalisieren beispielsweise einige Flugbrandarten des Hafers ihre Entwicklung auf Staubfäden, einige Brandarten der Gerste auf Blüten usw.

Eine eingehendere Besprechung der sich hierauf beziehenden Fragen, die im Rahmen dieser Arbeit unmöglich ist, finden wir bei TRANCHEL (1939), RUBIN (1947), KUPREWITSCH (1947) und bei NAUMOW (1939).

Für die Charakteristik der Virulenz der Mikroorganismen ist es am allerwichtigsten, die Frage nach denjenigen physiologisch aktiven Stoffen zu betrachten, die von ihnen beim Stoffwechselprozeß gebildet werden. Die zentrale Rolle ist nach der üblichen Auffassung hier denjenigen Toxinen, die von den Mikroorganismen ausgeschieden werden, zuzuweisen.

KUPREWITSCH (a. a. O.) nimmt an, daß als Toxine pathogener Pilze eigentlich nur diejenigen toxischen Stoffe bezeichnet werden dürfen, die sich in den Zellen des Parasiten bilden und als Resultat einer Autolyse während des Prozesses der Lebensfunktion oder nach dem Absterben ausgeschieden werden. Diejenigen toxischen Stoffe, die sich in den Geweben der kranken Pflanze bilden und entweder Produkte eines normalen Stoffwechsels darstellen, die sich in einer erhöhten Konzentration ansammeln oder als Ergebnis einer Autolyse des pflanzlichen Gewebes entstehen, haben nach KUPREWITSCH nichts gemeinsam mit Pilztoxinen. Diese Stoffe entstehen als Ergebnis der Einwirkung des pathogenen Organismus auf die Pflanze und werden gewöhnlich als Bestandteile eines Toxins angesehen.

Sowohl die physiologische als auch die chemische Natur der Toxine ist bei weitem noch nicht genügend untersucht. Nach Ansicht von BROWN (1915—1927), dessen Arbeiten teilweise diesen Fragen gewidmet sind, üben die vom Pilz ausgeschiedenen Stoffe auf die Gewebe der Wirtspflanze vor allem eine mazerierende Wirkung aus: sie verursachen ein Aufquellen der Membranen und eine Auflösung der Mittellamellen. Die andere Seite der Wirkung der Mycelextrakte äußert sich in Form einer letalen, toxischen Wirkung auf das Protoplasma der Zellen des Wirtes.

Nicht selten verursachen Toxine dagegen auch eine unnormal intensive Teilung der Zellen des Wirtes, Gallenbildung usw. Bisweilen äußert sich die Toxinwirkung in einem hypertophen Auswachsen der Zelleneinschlüsse (Zellkern, Chromoplasten), wie auch in einer Beschleunigung des Stoffwechsels (KURSSANOW, 1926) und in einer Verlängerung der Lebensdauer der erkrankten Zelle.

SCHAFFNIT und LÜDTKE (1932) und eine ganze Reihe anderer Forscher halten die Splitter von Eiweißmolekülen für die allerwichtigsten Bestandteile der Toxine. Diese Verfasser sehen beispielsweise Amine einfacher Konstitution als wirkende Grundlage des Fusarium-Toxins an. Überzeugend sind Versuche von ELJPIDINA (1935), die zeigte, daß bei Entfernung des Ammoniaks aus einer Toxinlösung die Toxinwirkung stark nachließ. Ähnliche Ergebnisse wurden von GRETSCHUSCHNIKOW (1936) erhalten, der gleichfalls annimmt, daß dem Ammoniak und dem Harnstoff im Rest-Toxin die wichtigste Rolle zukommt. OSTSCHAROW (1940) fand, daß sich als Ergebnis eines Befalles mit Uromyces allemaillae in den Pflanzengeweben Ammoniak, Harnstoff und Thioharnstoff ansammelt. Bedeutende Ammoniakmengen wurden von ARZICHOWSKAJA (1946) im Botrytis cinerea-Toxin gefunden. Nachdem FEDOTOWA (1935) eine große Anzahl von Fusarium-Arten untersucht hatte, hielt sie es sogar für möglich, anhand von Daten über Ansammlung von Amin- und Ammoniakstickstoff durch den Mikroorganismus über den Grad des Parasitismus dieser oder jener Art zu urteilen. [Siehe auch JANOWA (193)].

Auch organische Säuren nehmen in den Ausscheidungen der Mikroorganismen einen überaus wichtigen Platz ein. Die allerverbreitetste, von Pilzen gebildete Säure, ist die Oxalsäure. Folgende Säuren wurden ebenfalls gefunden: Citronen-, Glykol-, Glyoxal-, Bernstein-, Milch-, Glukosaminsäure und eine ganze Reihe anderer starker und schwacher Säuren.

Unter den Bestandteilen der Pilzausscheidungen werden auch eine ganze Anzahl von sogenannten Zwischenprodukten des Stoffwechsels angetroffen. Mit Sicherheit wurden festgestellt: Äthylalkohol, Acetaldehyd, Aceton und eine Reihe anderer Stoffe, wobei der Aufbau vieler dieser Stoffe noch nicht bestimmt ist.

Auf Untersuchungen von BIRKINSHAWA und Mitarbeiter (1944), welche die Natur flüchtiger Stoffwechselprodukte behandeln, die beim Entwicklungsprozeß der Pilze Lentinus lepidus und Trametes suaveolus, die Holzarten befallen, gebildet werden, kann als auf ein interessantes Beispiel hingewiesen werden.

Der Hauptanteil der flüchtigen Produkte wurde als Methylanisat (Methyl-p-methoxybenzoat) identifiziert. Gleichfalls wurde die Anwesenheit von Anisaldehyd (p-Methoxybenzaldehyd) festgestellt, dessen Menge jedoch gegenüber dem ersten Produkt gering ist. Schließlich wurden äußerst kleine Mengen freier Anissäure gefunden, die als ein Oxydationsprodukt des Aldehyds durch atmosphärischen Sauerstoff angesehen wurde.

Vom Gesichtspunkte einer physiologischen Wirkung auf die Wirtspflanze wurden organische Säuren, besonders Oxalsäure, noch vor kurzem als wichtigste Toxinbestandteile betrachtet. Gegenwärtig hat die Toxiditätstheorie der Säuren ihre Bedeutung fast verloren. Ursache waren Tatsachen, die in einer Reihe von Fällen festgestellt wurden, laut denen viele Pilze, die keineswegs Parasiten sind, Oxalsäure während der Entwicklung bedeutend energischer bilden als bösartige Parasiten[1]. Außerdem bilden einige typische Parasiten, wie beispielsweise einzelne Fusariumarten (MEDWEDJEWA, 1937) überhaupt keine Oxalsäure.

Bei gegenwärtigen Untersuchungen wird den Fermenten, als einem wichtigen Bestandteil des Toxinkomplexes, immer größere Beachtung geschenkt. Die Zusammensetzung und Menge derjenigen Fermente, die beim Prozeß der Lebensfunktionen der Mikroorganismen gebildet werden, sind äußerst verschieden. KARSTRÖM (1938) unterteilt die Fermente der Organismen in zwei Gruppen: 1. die konstituitiven Fermente, die stets unabhängig von der Zusammensetzung des Nährbodens vom betreffenden Organismus gebildet werden und 2. die adaptiven Fermente, die bei Gegenwart eines spezifischen Substrates nur als Resultat einer bestimmten chemischen Stimulation gebildet werden. Ein großer Teil der Fermente der ersten Gruppe katalysiert Atmungsvorgänge und synthetische Prozesse, während adaptive Fermente hauptsächlich hydrolytische Funktionen ausüben.

Untersuchungen der letzten Jahre verwischen jedoch in gewissem Grade die, Grenzen zwischen diesen beiden Fermentgruppen. Im besonderen wurde gezeigt daß eine Änderung des Nährbodens zu bedeutenden Änderungen der Aktivität der konstitutiven Fermente führt. Das Entstehen einer neuen adaptiven Funktion ist anscheinend nur eine Verstärkung einer schon vorhandenen Funktion, die sich jedoch in einem abgeschirmten Zustand befand (IMSCHENEZKI, 1946). Ebenfalls wurde darauf hingewiesen, daß hydrolytische Funktionen sowohl adaptiv, als auch konstitutiv sein können. Indem GÄUMANN (1947) den Einfluß der Nährlösung auf die Fermentbildung von Botrytis cinerea Pers. untersuchte, wies er in seiner letzten Arbeit darauf hin, daß die Bildung von Pektinketten spaltender Pektinase nicht vom Nährboden abhängt. Die nicht spezialisierte Pektase, die

[1] Eine Übersicht über Arbeiten, die für einen derartigen Standpunkt sprechen, finden wir in der Zusammenstellung von BROWN (1936).

Pektin demethoxyliert, stellt ein adaptives Ferment dar, das in merklichen Mengen nur bei Anwesenheit von Pektin vom Pilz gebildet wird.

In seiner letzten Zusammenfassung hält SEVAG (1946) auf Grund einer kritischen Betrachtung von Literaturangaben das Bestehen von adaptiven Fermenten für problematisch. Nach der von ihm entwickelten Ansicht ist in allen Fällen in der Zelle eine bestimmte Enzymreihe vorhanden. Die Fähigkeit, diese zu synthetisieren ist für den betreffenden Mikroorganismus bezeichnend. Ein ungenügender Gehalt an bestimmten Stoffwechselprodukten in der Umwelt senkt nur die Aktivität der entsprechenden Fermente. Unter günstigen Bedingungen zeigt sich die Aktivität dieser Fermente von neuem.

Vollständiger sind diejenigen bakteriellen Fermente untersucht worden, deren Verschiedenartigkeit, wie PORTER (1946) zeigt, außerordentlich groß ist. Fermente niederer Pilze sind bedeutend seltener untersucht, immerhin kann man auf Grund der vorliegenden Angaben über die große Fermentausstattung dieser Organismen urteilen. So wurden verschiedene Carbohydrasen bei vielen, sowohl bei parasitären als auch bei saprophyten Pilzen gefunden: Invertase (COLIN, 1911; KIRSSANOWA, 1936; OKNINA, 1937 und eine Reihe weiterer Autoren), Inulase (PRINGSHEIM und Mitarbeiter, 1931—1932; ASAI, 1937), Amylase (OKNINA a. a. O.; LEOPOLD und STARBANOW, 1943), Maltase (OKNINA, a. a. O.; HESTRIN, 1940), Raffinase (DOX, 1910 und andere), Hemicellulase und Cellulase (GRASSMANN und Mitarbeiter, 1931 und 1933) usw. Gefunden wurde bei Pilzen auch eine komplizierte Reihe an Pektinfermenten (KERTESZ, 1936), von Fermenten des Phosphorstoffwechsels (PROSSKURJAKOW, 1936; MACFARLAN und SALAMAN, 1938; KAWAHARA, 1929) und Fermente des Eiweißstoffwechsels: Proteinase (OKNINA, a. a. O., BERGER und andere, 1937), Urease (OKNINA, a. a. O., MIWA und YOSHII, 1934), Peptidase (GORBACH, 1930, BERGER und andere, 1938) und andere, wie auch Fermente, die Glukoside, Gerbstoffe und eine Reihe anderer Verbindungen spalten.

Wie Untersuchungen von KUPREWITSCH (a. a. O.) zeigten, hängt der Fermentgehalt eines Pilzes vom Grad seines Parasitismus ab. Fakultative Parasiten verfügen über eine große Mannigfaltigkeit an extrazellulären Fermenten. Bei obligaten Parasiten verringert sich der Fermentgehalt hauptsächlich auf Kosten von Oxydasen, Amidasen und Proteasen. KUPREWITSCH nimmt an, daß für letztere Fermente eine besonders zerstörende Wirkung auf Pflanzengewebe typisch ist. Das Fehlen oder eine starke Schwächung der Aktivität dieser Fermente führt dazu, daß das Eindringen eines obligaten Parasiten keine ernstlichen Störungen im Stoffwechsel der Wirtspflanze hervorruft.

Der Fermentgehalt eines pathogenen Pilzes hängt von den Besonderheiten der Gewebezusammensetzung der Wirtspflanzen ab, an die der betreffende Parasit angepaßt ist. Als Beispiel möchten wir anführen, daß bei Pilzen, die in bezug auf Holzarten parasitär wirken (beispielsweise Polystictus versicolor, Polyporus pinicola), Enzyme festgestellt wurden, die in der Lage sind, eine Hydrolyse des Lignins hervorzurufen, wobei sich als eines der Stoffwechselprodukte Zucker im Nährboden, in dem sich der betreffende Pilz entwickelt, ansammelt. (LUTZ, 1934.)

Im Fermentkomplex einiger Mikroorganismen wurde eine Reihe von Glukosidasen und Esterasen (im besonderen Lipasen) festgestellt.

Fermente von oxydierenden-reduzierenden Komplexen sind in Toxinen weniger reich vertreten und auch seltener untersucht worden. BULLER (1906) weist auf das Vorkommen von Katalase, Lakkase und von Tyrosinase in den von ihm untersuchten Toxinen hin, wobei aber das Vorliegen von letzterer von vielen bestritten wird. Jedoch gelang es OKNINA (1937), die Fähigkeit einiger Verticilliumarten zur Bildung von Tyrosinase, wie auch von Katalase und von Peroxydase aufzuzeigen. Das Vorkommen aktiver Peroxydase bei verschiedenen Fusariumarten wurde von WESSELOWA (1936) festgestellt. Im allgemeinen ist aber die Frage der Peroxydasebildung durch Pilze wenig untersucht.

In Botrytisausscheidungen wurde ein Enzym gefunden, das Gerbstoffe oxydiert und anscheinend zum Typ der Polyphenoloxydasen gehört.

Eine gewisse Belebung trat erst im Zusammenhang mit Arbeiten über die Synthese der Antibiotica durch Mikroorganismen, auf dem Gebiet der Fermente des oxydierenden-reduzierenden Komplexes hervor. Diese Arbeiten wiesen auf die Wahrscheinlichkeit hin, daß viele Produkte des Stoffwechsels der Pilze, die über antibiotische Eigenschaften verfügen, am Atmungsstoffwechsel teilnehmen (RAISTRICK, 1940; KUMLER und DANIELS, 1943; WAKSMAN und TISHLER,1942).

Bei Atmungsfunktionen der Mikroorganismen spielen Vitamine (Thiamin, Riboflavin, Nikotinsäure) eine wichtige Rolle, analog dem, was für diese Stoffe hinsichtlich der Zellen höherer Organismen festgestellt worden ist.

TITEL und GOOLD (1940) teilten die von ihnen kürzlich durchgeführten Forschungsergebnisse über das Carboxylasesystem bei Fusarium mit. FRANKE und DEFFUER (1939) schieden aus Aspergillus niger, aus Penicillium glaucum und citromyces Glukosooxydase ab, die aller Wahrscheinlichkeit nach ein Flavoprotein ist.

RHOADES (1941), GOULD und TYTELL (1941) zeigten, daß unter den von einigen Bakteriengruppen ausgeschiedenen adaptiven Fermenten in der Regel stets Galaktosimase vorhanden ist. Es wurde auch festgestellt, daß ein cytochromes Bakteriensystem sich von einem solchen bei Vertretern höherer Formen vorliegenden System wesentlich unterscheidet (KEILIN und HARPLEY, 1941; SEWAG und SHELBURN, 1942).

Trotz der außerordentlichen Wichtigkeit der Frage des Oxydationssystems bei Pilzen verfügen wir nur über unvollständige, bruchweise Kenntnisse auf diesem Gebiet und planmäßige Forschung bleibt hier eine Zukunftsaufgabe.

Es wurde bereits hervorgehoben, daß je nach Abhängigkeit von höchst verschiedenartigen Bedingungen, von denen der Zusammensetzung des Nährbodens eine entscheidende Rolle beigemessen werden muß, sowohl die Zusammensetzung des Fermentkomplexes, als auch die Menge der einzelnen Fermente überaus stark variiert.

Ein wichtiges Moment in dieser Hinsicht ist auch die Phase oder das Stadium der Entwicklung des Mikroorganismus. Es ist bekannt, daß Sporen beim Keimen über eine verhältnismäßig niedrige fermentative Aktivität verfügen. Im Maße einer Ausdehnung der Zeitabschnitte der Entwicklung der Pilze treten Veränderungen im enzymatischen Komplex hervor: es wächst die Menge und es erweitert sich die Zahl der sich in den Geweben des Mikroorganismus bildenden Fermente. Entsprechend zahlreichen Untersuchungen ist der Eintritt eines Pilzes in das Stadium des Fruchttragens ein kritischer Abschnitt, zu welcher Zeit sich die Aktivität der Enzyme stark verringert (Bose und Sarkar, 1937). Ein wichtiges Merkmal ist auch die Verteilung der Fermente, die während des Entwicklungsprozesses vom Pilz gebildet werden, auf die Endo- und Ektogruppen.

In der Arbeit von Bose und Sarkar (a. a. O.), die unter diesem Gesichtspunkte acht Linien des Pilzes Polyporus untersuchten, wurde festgestellt, daß diejenigen Enzymmengen, die von diesem Pilz außerhalb der Zellen synthetisiert wurden, die Mengen an interzellularen Enzymen bedeutend überstiegen. Die Verfasser kommen zur Schlußfolgerung, daß der Pilz eine große Menge von Fermenten, die in Hyphen gebildet werden, in den Nährboden absondert. Analoge Tatsachen wurden vorher in der Arbeit von Schmitz (1925) beschrieben, der vier Linien des Pilzes Fomes pinicola untersuchte und außerdem auch wesentliche Unterschiede in der Fermentzusammensetzung der Komplexe innerhalb und außerhalb der Zellen feststellte.

Die Mehrzahl der Pilze ist somit befähigt, einen durchaus umfangreichen Fermentkomplex in ihren Hyphen zu bilden, vor allem an Hydrolasen, die das wichtigste Angriffsmittel beim Befall höherer Pflanzen sind. Man muß jedoch bemerken, daß es bis jetzt noch nicht gelang, hinsichtlich des Fermentkomplexes vollkommen exakte Unterschiede zwischen parasitären und saprophyten Formen der Mikroorganismen festzustellen. Infolgedessen findet man in der Literatur nicht selten Hinweise darauf, daß die Auffassungen über die Rolle der Fermente bei Äußerungen des Parasitismus stark übertrieben sind. Hierher kann man beispielsweise Arbeiten von Harter und Weimer (1921), wie auch diejenigen von Paul (1929) zählen, in denen darauf hingewiesen wird, daß die Aktivität der Mikroben keineswegs in irgendeinem Zusammenhang mit den Pektinase-Ausscheidungen steht. Eine derartige Ablehnung der Bedeutung des Fermentsystems der Pilze kann nur bei ihrer isolierten Betrachtung, außerhalb des Zusammenhanges mit Fermenten der Wirtspflanze, begründet erscheinen (Abschnitt II und V). Es ist ebenfalls die beobachtete starke Variation der Fermentmengen zu berücksichtigen, die je nach den Bedingungen des Nährbodens von den Pilzen gebildet werden, was häufig eine direkte Gegenüberstellung der Mikroben nach diesem Merkmal unmöglich macht.

Von Stoffwechselprodukten, die von Mikroorganismen ausgeschieden werden, sind in den letzten Jahren im besonderen die sogenannten antibiotischen Stoffe von großem Interesse. Die bakterizide Wirkung von Schimmelpilzen wurde zuallererst von Polotebnow in Rußland entdeckt und bei der Therapie einer Reihe von Krankheiten angewendet. Im Jahre 1929 schied Fleming (1929) aus Penicillium rubrum die wirksame Substanz dieses Schimmelpilzes, das Penicillin ab, das sich gegenüber einer großen Kokkengruppe als toxisch erwies. Weitere Arbeiten in dieser Richtung ermöglichten es, festzustellen, daß die Fähigkeit, spezifisch wirkende Antibiotica zu synthetisieren, für eine große Anzahl von Mikroorganismen charakteristisch ist. Durch das Vorkommen dieser Stoffe in den Ausscheidungen der Mikroben wird anscheinend auch der Charakter der Wechselbeziehungen bestimmt. Im besonderen sind Äußerungen des Antagonismus, der Unterdrückung der Entwicklung der einen Mikroorganismenarten durch andere usw. durch Antibiotica bedingt. Als Ergebnis eingehender Untersuchungen wurde bisher nicht nur die große Gruppe der Antibiotica gefunden, sondern für viele von ihnen ihre chemische Natur und ihr Aufbau bestimmt. Einige gelang es sogar auf synthetischem Wege zu erhalten.

Eingehende Übersichten über die Arbeiten, die in dieser Richtung durchgeführt wurden, sind in den neuesten Zusammenfassungen von van Niel (1943), Tatum (1944), Waksman (1945) und von Israilski (1945) angeführt.

Die Möglichkeit ist nicht auszuschließen, daß von Pilzen gebildete antibiotische Stoffe von diesen nicht nur zum Kampf mit anderen Mikroorganismen, sondern auch als Angriffswaffe gegenüber Pflanzen verwendet werden können. Wie Untersuchungen Krassilnikows zeigten, können Antibiotica eine überaus vielseitige und starke Wirkung auf den Pflanzenorganismus ausüben. Diese interessante Frage erfordert ein weiteres Studium.

Pilze sind befähigt, außer Stoffe toxischen Charakters Verbindungen zu synthetisieren, die ihrer physiologischen Bedeutung nach diesen gerade entgegengesetzt sind. So fand beispielsweise Thimann (1934) beim Pilz Rhizopus Suinus die Ausscheidung eines mit der β-Indolessigsäure identischen Hormons, wobei die Intensität der Bildung dieses Stoffes durch den Pilz von der Menge des im Nährboden enthaltenen Tryptophans abhing. Boisen-Jensen (1937) fand, daß der Pilz Aspergillus befähigt ist, aus Tryptophan, Lysin, Leucin, Thyrosin und Phenylalanin ein Wuchshormon zu synthetisieren.

Die Fähigkeit, einzelne Komponenten der Stoffe der „Bios“-Gruppe zu synthetisieren, ist jedoch bei weitem nicht für alle Mikroorganismen charakteristisch, infolgedessen sind viele von ihnen nicht in der Lage, auf reinen synthetischen Nährböden zu wachsen und verlangen einen Zusatz von vitaminähnlichen Stoffen (Literatur siehe in der Zusammenfassung von Schopfer, 1943).

Bis vor kurzem wurde angenommen, daß sich dieser Bedarf bei Pilzen gewöhnlich auf Biotin und Thiamin beschränkt, jedoch zeigt sich bei ihnen in frühen Entwicklungsstadien auch ein Bedürfnis nach Pyridoxin und Inosit.

In den allerletzten Jahren wurden Pilzarten gefunden, die für eine normale Entwicklung p-Aminobenzoesäure, Nikotin- und Pantothensäuren, wie auch Cholin benötigen (Tatum, a. a. O.). Es wurde auch festgestellt, daß einige Pilzarten befähigt sind, Ascorbinsäure zu synthetisieren, die anscheinend als Stimulator frühzeitiger Entwicklungsphasen der Mikroorganismen dient (Lewis, 1938; Gupta und Guha, 1941).

Es liegen auch Gründe vor, anzunehmen, daß bei einigen Pilzarten Pyridoxin, p-Aminobenzoesäure und Pantothensäure die Rolle von Komponenten des Atmungssystems ausüben und analog den Atmungscoenzymen wirken. Jedenfalls hatte die Zugabe eines jeden der aufgezählten drei Vitamine zur Nährlösung eine bedeutende Steigerung des Sauerstoffverbrauches zur Folge (GIESE und TATUM, 1942).

Die Zahl der Hinweise darauf vermehrt sich immer mehr, daß durch Vitaminmangel und das Unvermögen, diese selbständig zu synthetisieren, sich das äußerst langsame Wachstum einiger Mikroorganismenarten auf synthetischen Nährböden erklärt.

Untersuchungen von ROBBINS und MA (1942) zeigten, daß die Ursachen der Heterotrophie bei Mikroorganismen, hinsichtlich des einen oder des anderen Vitamins, in der Unterdrückung entweder einer der Stufen der Synthese dieser Verbindungen oder im Ausfall der synthetischen Funktion insgesamt beruhen können.

So kann beispielsweise das Fehlen des Vitamin B_1 entweder durch das Unvermögen, Pyramidin oder Thiazol zu synthetisieren, oder durch den Ausfall dieser oder jener Funktion bedingt sein.

Hinsichtlich Phytophthora kann als feststehend angesehen werden, daß dieser Pilz nicht nur nicht in der Lage ist, irgendeine der Komponenten des Vitamin B_1 zu synthetisieren, sondern auch nicht die Fähigkeit besitzt, einzelne Bestandteile zu einem Vitaminmolekül zu verbinden. Folglich kann sich dieser Pilz nur unter der Voraussetzung seiner Versorgung mit fertigen Thiaminmolekülen entwickeln [Literatur siehe TATUM (1944)].

KIDDER und DEWEY (1942) verbinden die Unfähigkeit des Organismus, auf Kosten der fertigen Komponenten ein Molekül Vitamin B_1 zu synthetisieren, mit dem Fehlen des „Faktors S". Diesem Faktor schreiben die Verfasser eine überaus große Rolle zu, indem sie annehmen, daß gerade durch ihn die Unterschiede zwischen den Geweben der Blätter, die an Thiamin reich sind, und den tierischen Geweben, die nicht in der Lage sind, es selbständig zu synthetisieren, bedingt sind.

Der verschiedene Grad der Abhängigkeit vom Vitaminvorkommen im Nährboden bildet häufig die Grundlage für symbiotische Wechselbeziehungen zwischen einzelnen Mikroorganismenformen. In einigen Fällen synthetisieren die Partner verschiedene Vitamine, während in anderen Fällen jeder der Symbionten verschiedene Teile eines komplizierten Vitaminmoleküls liefert (KÖGL und FRIES, 1937).

Gegenwärtig liegen bereits eine große Anzahl von Beobachtungen vor, die darauf hinweisen, daß das Vitaminbedürfnis sogar bei ein und derselben Mikroorganismenart nicht beständig bleibt und je nach seinen physiologisch-chemischen Besonderheiten und Eigenschaften variiert. So beanspruchen beispielsweise Hefearten, die Lactose vergären, für ihre normale Entwicklung und für ihre Lebensfunktionen einen Nikotinsäurezusatz zum Nährboden. Diejenigen Formen, die der erwähnten fermentativen Funktion beraubt sind, reagieren überhaupt nicht auf einen Zusatz dieses Vitamins (RAGOSA, 1943).

Es besteht auch Veranlassung, das Bedürfnis der Mikroorganismen an physiologisch aktiven Stoffen und im besonderen an Vitaminen, als Anpassungszeichen anzusehen. Beispielsweise erlangte Hefe nach Versuchen von LEONIAN und LILLY (1942) durch allmähliche „Anpassung" die Fähigkeit, sich auf synthetischen Böden, die Bios nicht enthielten, zu entwickeln. Tatsachen ähnlicher Art sind hinsichtlich einer ganzen Reihe von Bakterien bekannt (KOSER und WRIGHT, 1943).

Die Heterotrophie einiger Mikroorganismen hinsichtlich der Stoffe der „Bios"-Gruppe veranlaßte einige Forscher, die Vermutung auszusprechen, daß dieser Eigenschaft bei Immunitätserscheinungen eine wichtige Rolle zukommen muß. Es ist erforderlich, zwei Seiten dieses Problems zu unterscheiden. Von Interesse erscheint es vor allem, festzustellen, ob die Besonderheiten der Vitaminversorgung mit der Pathogenität der betreffenden Art oder Form des Mikroorganismus zusammenhängen.

GOTTLIEB und HART (1943), die eine große Gruppe von Rostpilzen untersuchten, stellten eine derartige Art von Korrelation nicht fest. Es besteht jedoch vorläufig noch keine Veranlassung, diese Schlußfolgerungen auf die ganze übrige Mikroflora, die bei höheren Pflanzen schmarotzt, auszudehnen. In dieser Frage sind noch weitere Untersuchungen erforderlich.

Die Frage jedoch nach der Bedeutung des in den Geweben der Wirtspflanze enthaltenen „Bios" für ihren Resistenzgrad wird im Abschnitt II eingehend behandelt werden.

Diejenigen Stoffe, die beim Entwicklungsprozeß der Mikroorganismen entstehen, ihre Zusammensetzung und ihr Charakter stehen mit den Bedingungen der Umwelt, in der ihr Wachstum vor sich geht, in engster Beziehung. Dieser Umstand muß auch bei der Beurteilung der Eigenschaften dieses oder jenes Parasiten und seines Virulenzgrades im Auge behalten werden. SCHELLENBERG (wir zitieren nach FISCHER und GÄUMANN, 1928) wies bereits im Jahre 1908 darauf hin, daß die Cellulosesynthese durch Botrytis cinerea von derjenigen Kohlenstoffquelle abhängt, über die der Mikroorganismus im Nährboden verfügt. Analoge Tatsachen führt BROWN (1917) an.

In einer Reihe von Untersuchungen von HARTER und WEIMER (a. a. O.) wurde gezeigt, daß die Pilze Rhizopus nigricans und Mucor racemosus, welche die Fäulnis der Batate verursachen, nur bei Heranzucht im natürlichen Substrat Pektinfermente synthetisieren, während bei Kultur auf synthetischen Nährböden Pektinase vollständig fehlt.

Arbeiten des gleichen Charakters, die sich auf weitere Mikroorganismen und auf andere Fermente beziehen, werden in Zusammenfassungen von BROWN (1934,

1936) angeführt. BROWN stellte im besonderen fest, daß Nährböden mit einem hohen Kohlenstoffgehalt (im Verhältnis zum Stickstoff) die Fermentbildung wenig begünstigen, im Gegensatz zu Nährböden mit einem Stickstoffüberschuß, in dem die Enzymausscheidung durch den Pilz recht aktiv erfolgt. Die Abhängigkeit der Fermentabsonderung von der Zusammensetzung des Kulturmediums durch den Pilz wurde in Versuchen von FALK (1935) und MONTGOMERY (1936) von neuem gezeigt. In der Arbeit von letzterem wurde auch darauf hingewiesen, daß ein Mangel an Stickstoffnahrung beim Pilz eine starke Hemmung der Enzymneubildung und eine Senkung der Aktivität derjenigen Enzyme hervorruft, die sich vorher gebildet hatten.

In Zusammenfassungen von BIRKINSHAW (1937), FOISTER (1939), REILLY und CURTIN (1943) wurde auf das Bestehen einer engen Abhängigkeit zwischen den Kulturbedingungen der Mikroorganismen und der Bildung von organischen Säuren und Pigmenten durch sie hingewiesen.

Arbeiten auf dem Gebiet der Synthese antibiotischer Stoffe durch Mikroben, die in den allerletzten Jahren einen weitgehenden Fortschritt zeigten, weisen gleichfalls auf einen engen Zusammenhang dieser Prozesse mit den Ernährungsbedingungen der Mikroorganismen hin. Es genügt beispielsweise, darauf hinzuweisen, daß die Penicillinbildung durch den Pilz ansteigt, wenn als Kohlenstoffquelle Lactose verwendet (TAYLOR, 1943) und eine geringe Zinkmenge zum Nährboden hinzugefügt wird (FOISTER und Mitarbeiter, 1943). Es ist gleichfalls bekannt, daß auch die Atmungsbedingungen einen entscheidenden Einfluß auf die Synthese der Antibiotica ausüben (WAKSMAN und BUGIE, 1943; MCKEE und MCPHILLAMY, 1943 und viele andere Arbeiten).

Die weitgehende Variation der Reihe der durch Mikroorganismen synthetisierten Fermente eröffnet, im Zusammenhang mit der Zusammensetzung des Nährmediums, Möglichkeiten zur Lenkung dieses Prozesses.

Es ist bekannt, daß Mikroben durch einen folgerichtigen Bedingungswechsel, der eine allmähliche Angewöhnung des Mikroorganismus an neue Ernährungsbedingungen hervorruft, in die Lage versetzt werden, Produkte zu verwerten, die früher für sie unzugänglich waren. Als Beispiel kann die Gewinnung einer Hefeart auf diesem Wege angeführt werden, die Maltose vergärt (KUDRJAWZEW, 1938).

Die Fähigkeit von Mikroorganismen, ihre biochemischen Eigenschaften unter dem Einfluß einer Änderung der Zusammensetzung des Nährbodens so radikal zu verändern, findet im Licht der Lehre der sogenannten adaptiven Fermente eine Erklärung.

Die oben angeführten Beispiele, die den Einfluß der Zusammensetzung des Nährmediums auf die Fermentbildung durch Pilze aufzeigten, veranlaßten einige Forscher in dieser Abhängigkeit eine der Ursachen der Widerstandsfähigkeit einer Wirtspflanze gegenüber einem parasitären Befall zu erblicken.

Die Temperatur erweist sich in einer Reihe von Fällen als ein überaus wichtiger Faktor, der nicht nur auf die Zusammensetzungen der Ausscheidungen der Pilze einwirkt, sondern auch in einem bestimmten Maße den Charakter der Wechselbeziehungen der Pilze mit der Wirtspflanze bestimmt.

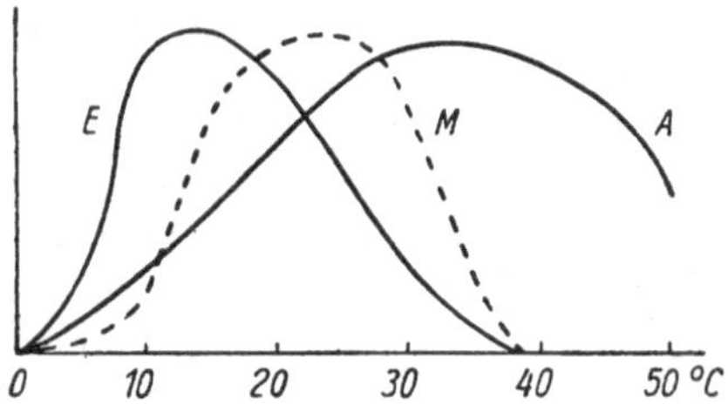

Abb. 2

Schematische Darstellung der Temperatureinwirkung auf Wachstum, Bildung und Wirksamkeit der Fermente eines Pilzparasiten (nach GÄUMANN)

M — Trockengewicht des Pilzmyzels bei verschiedenen Wachstumstemperaturen, E — bei verschiedenen Wachstumstemperaturen je Einheit des Trockengewichtes des Myzels gebildete Fermentmenge, A — Wirkungsgrad des Enzyms bei verschiedenen Temperaturen

So führt GÄUMANN (1936) eine Reihe von Fällen an, welche die Wechselwirkung zwischen der Intensität der Bildung von Mycel und Enzymen durch einen der parasitären Pilze und der Wirksamkeit des Einflusses dieser Enzyme bei Kultur von Pilzen unter verschiedenen Temperaturbedingungen veranschaulichen.

Aus der graphischen Darstellung der Abbildung 2 ist zu ersehen, daß bei niedrigeren Temperaturen die Fermentbildung durch den Pilz intensiver verläuft als bei höheren Temperaturen. Man kann sich ebenfalls davon überzeugen, daß das Temperaturoptimum der Enzymwirkung viel höher liegt als die obere Entwicklungsgrenze des Pilzes.

„Wenn man sich vorstellt — sagt GÄUMANN —, daß man zur Erzielung einer Wirkung nicht einfach die Werte dieser Funktionen arithmetisch zusammenzählen darf und auch, daß hier nur für ein Enzym Angaben gemacht sind, während es derer wenigstens 20 gibt, so wird verständlich, daß die mathematische Behandlung des Temperaturproblems erst zukünftigen Generationen anheimfällt.“

Abb. 3

Die Einwirkung der Bodentemperatur auf die Erkrankungshäufigkeit von Tannentrieben (nach GÄUMANN)

A — Entwicklungsenergie der Tannentriebe; B — Prozentsatz der von Pythium Debaryanum befallenen Triebe; C — Prozentsatz der von Fusarium bulbigenum befallenen Triebe

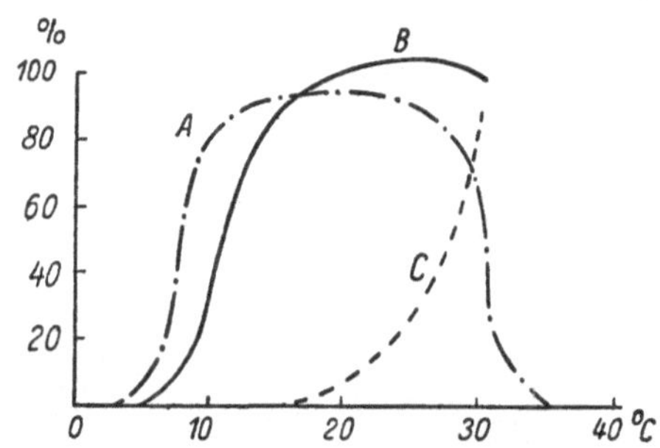

GÄUMANN veranschaulicht die wahre Bedeutung der angeführten Tatsachen und Betrachtungen durch eine graphische Darstellung (Abbildung 3), die zeigt, daß verschiedene Mikroorganismen auf Änderungen der Temperaturbedingungen, unter denen die Pflanzenentwicklung verläuft, verschieden reagieren, womit im Zusammenhang sich auch die Virulenz der Parasiten und folglich auch der Befall der Pflanzen verschiedenartig ändert.

Alle diese Tatsachen zeigen, wie wichtig die Ergebnisse einer Gegenüberstellung der Virulenz verschiedener Mikroorganismen und die Aktivität der Enzyme, die von ihnen gebildet werden, sein können, wenn die Kultur der Mikroorganismen unter verschiedenen Bedingungen durchgeführt wird.

In der Arbeit von GOLDING (1945) wurde darauf hingewiesen, daß die Zusammensetzung des Gasgemisches einen der Faktoren darstellt, die einen großen Einfluß auf das Pilzwachstum ausüben. Interessant ist es, daß hierbei die Löslichkeit der verschiedenen Gase im Nährboden eine entscheidende Rolle spielt. Im besonderen war die Unterdrückung der Pilzentwicklung durch Kohlensäure nicht der Gaskonzentration in der Luft, sondern der Löslichkeit des Gases im Medium, in dem die Entwicklung der Mikroorganismen vor sich ging, proportional.

Zum Schluß dieses Abschnittes muß daran erinnert werden, daß entsprechend der derzeitigen Auffassungen sich die Wechselwirkung zwischen Pilz und Wirtspflanze in der Mehrzahl der Fälle durch sogenannte Haustorien oder durch Zellmembranen vollzieht. Der Frage der Haustorienbildung, des Charakters ihrer Verteilung in der Zelle, der Wachstumsintensität usw. wird jetzt eine große Beachtung geschenkt, insofern diesen Organen der Hyphenpilze eine immer größere physiologische Rolle beigemessen wird. Viele Autoren betrachten Haustorien als einen wichtigen Faktor, der den Grad des Parasitismus des Pilzes, seine Anpassung an den entsprechenden Wirt und den Charakter der von ihm hervorgerufenen Schädigung bestimmt. Somit werden Haustorien als ein Organ betrachtet, das auf die empfindlichste Seite der Wechselbeziehungen zwischen Wirt und Parasit einwirkt.

ARONESCU (1934), RICE (a. a. O., 1945), BROWN (a. a. O.) und andere bringen in ihren Arbeiten Tatsachen zu dieser Frage.

Abschnitt II

Die chemotrope Theorie der Widerstandsfähigkeit

Die Bedeutung der chemischen Eigenarten des Pflanzenorganismus, als Faktor seiner Widerstandsfähigkeit, gehört bereits seit sehr langer Zeit zum Arbeitsgebiet der Forschung. Die sogenannte „chemotrope" Theorie mit deren Ausarbeitung, beginnend mit den 80iger Jahren des vorigen Jahrhunderts, sich eine ganze Reihe von Forschern beschäftigte, war eine der frühesten Hypothesen (wenn nicht die erste) auf dem Gebiet der Pflanzenimmunität.

Die Grundrichtung dieser Untersuchungen wurde durch das Streben bestimmt, die Widerstandsfähigkeit der Pflanze durch ihre chemische Zusammensetzung zu erklären, die sich, vor dem Zusammentreffen der höheren Pflanze mit Parasiten, selbständig und unabhängig von irgendwelcher Einwirkung seitens eines Parasiten ausgebildet haben soll. Diejenigen Stoffe, die in den Pflanzengeweben vorliegen, können gemäß diesen Auffassungen in bezug auf ihre Einwirkung auf Parasiten in chemotrope positive Stoffe, die den Befall der Pflanze fördern, und in chemotrope negative, die ihre Widerstandsfähigkeit bedingen, eingeteilt werden.

Pfeffer (1884) und Miyoshi (1894, 1895) erklärten Infektionsfälle im besonderen durch die Annahme, daß die Hyphen von Pilzen in Richtung zum Zucker und zu anderen Nährstoffen, die aus lebenden Zellen der Pflanze durch zerstörte Zellwände diffundieren, wachsen.

Ungeachtet dessen, daß die vorliegende Theorie nicht zu den biochemischen Theorien gerechnet werden kann, erscheint die Betrachtung einiger ihrer Momente immerhin als notwendig.

Bekanntlich ist das Keimen der Sporen eines Parasiten die Anfangsstufe der Wechselbeziehungen zwischen Wirt und Parasit. Als Ergebnis der Arbeiten von De Bary, die noch zum Jahre 1884 gehören, von Brown (a. a. O.) und von Suchorukow (1938) muß es als feststehend erachtet werden, daß sich die betreffende Phase am erfolgreichsten in einem Tropfen Flüssigkeit vollzieht, die, wenn auch nur eine minimale Menge an Ausscheidungen der Wirtspflanze (Infektionstropfen) enthält. Suchorukow, Kling und Owtscharow (1938) fanden, daß bei gegenüber Homose widerstandsfähigen amerikanischen Baumwollpflanzen die Extrahierbarkeit organischer Stoffe, die durch den Grad der Durchlässigkeit des Plasmas bestimmt wird, fast zweimal geringer war als bei ägyptischen Sorten, die stärker befallen werden.

2*

Die nächste Phase nach dem Keimen äußert sich im Eindringen des Keimes, der sich durch Appressorien an der Oberfläche der Wirtspflanze befestigt, in das Gewebeinnere der Wirtspflanze. Ob das Streben der Haustorien, in das Zellinnere einzudringen, wohl durch die anziehende Wirkung derjenigen Stoffe bedingt ist, die darin eingeschlossen sind? Können bestimmte, in der Zelle eingeschlossene Stoffe, infolge toxischer Wirkung als Schutzfaktor der Pflanze dienen, eine Wirkung, die auf diejenigen Keimschläuche ausgeübt wird, die in die Zelle eingedrungen sind? Das sind die Fragen, auf die eine chemotrope Theorie zu antworten berufen ist.

Anhänger dieser Theorie bringen eine wesentliche Anzahl von Tatsachen, die ihre Anschauungen irgendwie stützen. Eine nähere Betrachtung dieser Arbeiten, wie auch eine Gegenüberstellung deren Ergebnisse mit Beobachtungen der letzten Zeit, gibt jedoch, wie es uns scheint, keinen Anlaß zu weitgehenden Verallgemeinerungen auf dieser Linie.

So wird beispielsweise der Gesichtspunkt von MASSEE (1905), gemäß dem die Spezialisierung der Parasiten durch das Vorkommen von Stoffen in den Wirtszellen bedingt ist, die für jeden Mikroorganismus spezifisch sind, jetzt durch Beobachtungen über das Eindringen von Hyphen in Gewebe solcher Pflanzen widerlegt, die zu schädigen der betreffende Pilz nicht in der Lage ist (GIBBSON, 1904; RICE, a. a. O.). In allen beschriebenen Versuchen entwickelte sich der Pilz nicht und kam um, ehe er Myzelien bildete.

Recht überzeugend sind in dieser Hinsicht Untersuchungen von BROWN und HARVEY (1927), die nachwiesen, daß Botrytissporen leicht keimten und daß ihre Hyphen ebenso sicher in die Epidermisschichten der Zwiebel eindrangen, aus deren Zellen der gesamte Inhalt vorher sorgfältig ausgewaschen worden war. Die Verfasser unterstreichen außerdem in ihrem Bericht, daß die Hyphen ebenso leicht in Richtung von der Innen- zur Außenfläche wie in entgegengesetzter Richtung wuchsen, daß heißt sowohl nach der Seite des Gradienten des chemotrop aktiven Stoffes als auch gegen ihn. In Versuchen derselben Forscher mit künstlichen Häutchen aus mit Formalin behandelter Gelatine oder aus Paraffin vollzog sich das Eindringen der Hyphen unabhängig von der anfänglichen Verteilung der Nährstoffe in diesen Membranen.

Obwohl chemotrope, anregende Stoffe beim Eindringen und Hereinwachsen des Mikroorganismus in die Gewebe der Wirtspflanze eine gewisse Rolle spielen, sind sie doch keineswegs eine unbedingte Voraussetzung für diesen Prozeß.

Entsprechend verhält es sich auch mit der Frage nach der Bedeutung des sogenannten Bios. Es wurde bereits oben darauf hingewiesen, daß eine recht große Anzahl von Pilzen in dieser Hinsicht zu heterotrophen Organismen gehören, die nicht über die Fähigkeit verfügen, Wachstumshormone selbständig zu synthetisieren. Ausgehend von diesen Tatsachen unternahmen SUCHORUKOW und Mitarbeiter (1933—1938), sowie WERNER und KLING den Versuch, die Widerstandsfähigkeit höherer Pflanzen hinsichtlich der Mikroorganismen mit dem Gehalt an Stoffen der Biosgruppe in den Pflanzengeweben zu verbinden.

Tatsächlich entdeckten diese Forscher auf experimentellem Wege das Bestehen einer gewissen Korrelation zwischen den genannten Merkmalen bei einer Reihe von Sorten der Mohrrübe und der Wassermelone. Nichtsdestoweniger darf man unserer Meinung nach diesen Angaben nicht die Bedeutung irgendeiner allgemeinen Gesetzmäßigkeit beimessen. So wurden bei der Untersuchung des Biosgehaltes von Kohlsorten verschiedener Lagerungsfähigkeit in unserem Laboratorium Daten erhalten, die auf den ersten Blick hin wohl die Richtigkeit der Auffassungen über die Rolle der Stoffe dieser Kategorie im Falle der Widerstandsfähigkeit der Pflanzen Mikroorganismen gegenüber bestätigten. Die Kohlsorte Nr. 1, die vom Pilz Botrytis leicht befallen wird, verfügte über eine stärkere biotische Wirkung als der bedeutend widerstandsfähigere Kohl Amager. Nach Lagerung der Kohlköpfe der einen und der anderen Sorte, unter Verhältnissen erhöhter CO_2-Konzentration, sank der Biosgehalt jedoch in allen Fällen stark ab. Währenddessen verstärkte sich unter diesen Bedingungen die Widerstandsfähigkeit der Gewebe dem Pilz Botrytis gegenüber nicht (wie man es erwarten müßte, wenn man von den Auffassungen ausgeht, die von diesen Forschern entwickelt wurden), sondern fiel im Gegenteil stark ab (Abbildung 4).

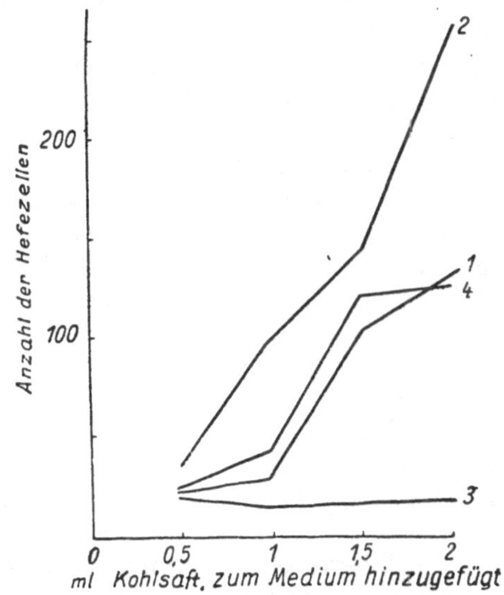

Abb. 4

Die Einwirkung von anaeroben Bedingungen auf den Biosgehalt der Kohlblätter

1 — Amager, Kontrolle; 2 — Sorte Nr. 1, Kontrolle; 3 — Amager, 14 Tage unter CO_2; 4 — Nr. 1, 14 Tage unter CO_2

Außer den zur Biosgruppe zählenden Stoffen zogen auch sogenannte antibiotische Eigenschaften, die durch Vorliegen von chemotrop negativen Stoffen in den Säften der Wirtspflanzen bedingt sind, die Aufmerksamkeit der Forscher an.

Die ersten Untersuchungen diese Frage betreffend stammen von Oparin und Kuplenskaja. Bereits in Versuchen des Jahres 1931, die der Frage nach der Natur der Widerstandsfähigkeit der Zuckerrübe während der Lagerungszeit gewidmet waren, zeigten diese Forscher, daß sich im Wurzelsaft Stoffe befinden, welche die Entwicklung einer bestimmten Pilzgruppe hemmen. Recht spezifisch erwies sich diese Wirkung hinsichtlich der Hefezellen. Die fungizide Wirkung ist mit dem allgemeinen physiologischen Zustand der Wurzel eng verbunden. Während die Säfte einer gesunden Zuckerrübe die Hefeentwicklung stark hemmten, verfügten Säfte, die aus Wurzeln erhalten wurden, bei denen die Widerstandsfähigkeit auf die eine oder andere Art gestört war, über eine bedeutend geringer fungizide Wirkung und übten in einigen Fällen sogar eine stimulierende Wirkung auf die Hefeentwicklung aus. Ihrem Charakter nach näherte sich diese Wirkung derjenigen, die von Stoffen des Biostypus ausgeübt wird.

Die Verfasser halten diejenigen Stoffe für Produkte eines normalen Stoffwechsels, welche die Fähigkeit der Zuckerrübe Mikroorganismen gegenüber Widerstand zu leisten bedingen. Beim normalen Verlauf der physiologischen Prozesse wird die Konzentration dieser Stoffe im Zellsaft auf einem bestimmten Stand erhalten, der von den Verhältnissen der Geschwindigkeit der einzelnen Reaktionen abhängt, die der lebenden Zelle entsprechen. Jegliche Art von Abweichungen vom normalen physiologischen Zustand der Wurzel ruft Änderungen im intrazellulären Stoffwechsel hervor, als deren Ergebnis der Gehalt an denjenigen Stoffen sinkt, die über eine antibiotische Wirkung verfügen und in einigen Fällen zum Nullwert absinkt. Unter diesen Bedingungen beginnt der Wurzelsaft die Entwicklung von Mikroorganismen zu stimulieren.

Die Natur desjenigen Stoffes (oder derjenigen Stoffe), durch dessen Gegenwart die fungizide Wirkung des Wurzelsaftes der Zuckerrübe hervorgerufen wird, steht noch nicht fest. Nichtsdestoweniger führten OPARIN und KUPLENSKAJA durch eine von ihnen entwickelte Methode eine Reihe von interessanten Untersuchungen durch, die sich auf die Bedeutung einzelner Faktoren (Sorte, durch Boden und Klima bedingte Verhältnisse des Wuchses usw.) für den Grad der Widerstandsfähigkeit der Wurzel und auch auf Bedingungen beziehen, welche Abweichungen im Stoffwechsel, die eine Senkung des Gehaltes des Saftes an Antibios nach sich ziehen, hervorrufen.

In den letzten Jahren riefen Untersuchungen von Professor TOKIN (1942) größtes Interesse hervor, die besonderen Stoffen gewidmet waren, welche von Geweben einiger Pflanzen ausgeschieden werden und die über eine starke antibakterielle Wirkung verfügen. Diese von TOKIN Phytoncide genannten Stoffe sind flüchtig. Eine gesteigerte bakterizide Wirkung zeigt das Pflanzengewebe im Moment mechanischer Schädigung, wonach die Wirkung nachläßt und dann verschwindet.

Nach den Arbeiten von TOKIN wurde eine Reihe von Arbeiten, die sich mit den Stoffen der Antibiosgruppe beschäftigten, von WALLER und GISVOLD (1942) und von anderen veröffentlicht (STUART und HARRIS, 1942; IRVING, FONTAINE und DOOLITTLE, 1945).

So trennten STUART und HARRIS aus ungebleichtem Weizenmehl einen eiweißähnlichen Stoff ab, der 4,5% Stickstoff in Form von Cystin enthielt. Dieser Stoff verfügte hinsichtlich grampositiver Bakterien über eine bakterizide Aktivität und erwies sich gleichzeitig gramnegativen Bakterien gegenüber als praktisch völlig inaktiv. Besonders groß war die Aktivität des abgetrennten Peptides gegenüber Hefe. Nach Angaben der Verfasser könnte man diesen Stoff als spezifischen Inhibitor der Hefe bezeichnen. Die Angaben von STUART bestätigen Beobachtungen, nach denen im Mehl Stoffe enthalten sind, die das Gären hemmen und die Hefe abtöten. STUART und HARRIS bestätigen auch die früher geäußerte Vermutung, daß dieser Stoff zur Gruppe der Amine gehört, insofern das von ihnen ausgeschiedene Eiweiß ungefähr 20% Arginin enthält.

In einer vor kurzem veröffentlichten Arbeit unterstreichen TSUCHIJA, DRAKE und Mitarbeiter (1944) die Aussichten von Forschungen, die den antibiotischen Eigenschaften der Säfte höherer Pflanzen und der Natur derjenigen Stoffe gewidmet würden, die diese Eigenschaften hervorrufen.

PEDERSON und FISHER (1944) wiesen darauf hin, daß der Saft einer Reihe von Pflanzen (Kohl, Zwiebel, Sellerie) Stoffe enthält, die über eine hohe bakterizide Aktivität verfügen. Erhitzen der Säfte führt zum Verlust dieser Aktivität. Mohrrüben, Steckrüben, Tomaten und Gurken erwiesen sich nach Angaben dieser Verfasser als inaktiv. Analoge Angaben liegen in der Arbeit von WALLER (a. a. O.) vor. Die Untersuchung der Natur dieser Stoffe erfolgte durch eine Reihe von Forschern, wobei einige Phytoncide bereits in kristalliner Form erhalten und ihre chemische Zusammensetzung untersucht wurde (LEBEDJEW, 1947). In den letzten Jahren wurden sowohl von TOKIN und seinen Schülern (1946), als auch in den Arbeiten von GOTTLIEB (1943/44) und von IVANOVICZ (1947) überzeugende Tatsachen über die wichtige Rolle der in Geweben höherer Pflanzen vorliegenden Phytoncide für die Widerstandsfähigkeit derselben gebracht.

Auffassungen, die den in der Pflanze vorliegenden organischen Säuren eine wichtige Rolle als Faktoren, die die Widerstandsfähigkeit der Pflanze bedingen, zuschrieben, besaßen im Laufe langer Zeit (nicht selten auch jetzt noch) eine große Anhängerschaft. Gemäß der von COMES (1914) aufgestellten Theorie ermöglicht ein erhöhter Säuregehalt der Säfte den Pflanzen nicht nur Mikroorganismen, sondern auch Insekten erfolgreich zu widerstehen. Die Empfänglichkeit der Pflanze steigt dabei parallel einer Erhöhung des Kohlehydratgehaltes in den Pflanzenzellen.

ARRHENIUS (1924) und eine ganze Reihe anderer Autoren unterstützten die Auffassung von COMES.

Die Analyse eines großen Tatsachenmaterials ermöglicht es jedoch, sich davon zu überzeugen, daß bei Hafer, Weizen und bei einigen anderen Pflanzen keinerlei Zusammenhänge zwischen der Widerstandsfähigkeit der Sorten gegenüber Rost und Brand und dem Säuregehalt der Blätter besteht. Infolgedessen kann die Abhängigkeit, die von COMES festgestellt wurde, nicht als eine allgemeine Gesetzmäßigkeit angesehen werden.

Zur Veranschaulichung des Gesagten bringen wir eine zusammenfassende Tabelle (Tabelle 1) auf Grund einiger Untersuchungen, die wir dem Buch von ROEMER (a. a. O.) entnehmen.

Aus der Tabelle ist zu ersehen, daß der Zusammenhang zwischen einem Gehalt an organischen Säuren und dem Grad der Widerstandsfähigkeit der Pflanze einen zufälligen Charakter trägt.

Der Grund dieser Unsicherheit liegt in der außerordentlichen Anpassungsfähigkeit der Hauptmasse der Pilze (einschließlich der Gruppe der Parasiten) und deren Fähigkeit, sich mit einem großen Säuregrad des Mediums abzufinden. So entwickelt sich beispielsweise Taphrina deformans gut bei einem p_H des

Tabelle 1

Säuregrad und Widerstandsfähigkeit der Pflanzen (nach ROEMER)

Parasit	Wirtspflanze	Untersuchungsergebnisse
Colletotrichum Lind.	Bohne	Keinerlei Zusammenhang
Cuscuta spp.	Wicke	Bisweilen ist ein unwesentlicher Säuregrad mit einer großen Widerstandsfähigkeit verbunden
Doralis fabae	Wicke	Die Zellen der widerstandsfähigen Arten scheinen etwas saurer zu sein
Doralis pomi	Apfelbaum	Keinerlei Zusammenhang
Eriosoma lanigera	Apfelbaum	Die Zellen der widerstandsfähigen Arten sind etwas saurer
Foma betae	Rübe	Keinerlei Zusammenhang
Puccinia glumarum	Weizen	,, ,,
Puccinia graminis	Weizen	,, ,,
Plasmopara viticola	Weinrebe	,, ,,
Podosphaera leucotricha	Apfelbaum	,, ,,
Sclerotinia laxa	Kernobst	,, ,,
Sclerotinia fructigena	Kernobst	,, ,,
Viteus rostatrix	Weinrebe	Die Zellen der widerstandsfähigen Arten scheinen etwas saurer zu sein
Viteus vitifoliae	Weinrebe	Keinerlei Zusammenhang

Mediums von 4,3 bis 9,6, das Vorkommen des Parasiten ist jedoch in einem noch breiteren Intervall (3,0—10,0) möglich. Colletotrichum gossypii und Penicillium italicum bilden aktiv Diastase, indem sie sich unter Bedingungen eines p_H des Mediums von 3,0 bis 8,0 und höher entwickeln.

Schließlich ist es erforderlich, sich dessen zu erinnern, daß Pilze nicht nur hinsichtlich Säuren widerstandsfähig sind, sondern viele von ihnen die Fähigkeit besitzen, diese als einzige Kohlenstoffquelle auszunutzen.

Einen gesicherteren Zusammenhang zwischen dem Säuregehalt eines Gewebes und dem Grad der Widerstandsfähigkeit wurde für Fälle eines Bakterienbefalles festgestellt (NOBÉCOURT, 1928 und andere). Der Grund dieser Abhängigkeit liegt darin, daß das Optimum der Bakterienentwicklung bei einem höheren p_H liegt, als es bei Pilzen oder für ein normales Pflanzengewebe üblicherweise vorkommt. Die Senkung des p_H des Saftes, die in der Regel beim Altern der Pflanzen stattfindet, ist der Grund einer größeren Widerstandsfähigkeit erwachsener Pflanzen gegenüber Bakteriosen im Vergleich zu jungen Pflanzen.

Das Wesen der Wirkung, die durch verschiedene Säuregrade des Mediums auf die Entwicklung der Mikroorganismen ausgeübt wird, ist bis jetzt wenig untersucht worden. Beispielsweise wurde der Gesichtspunkt geäußert, wonach der Einfluß des p_H ein direkter ist (RIGLER und GREATHOUSE, 1940; RAHU und CONN, 1944). Soweit die toxische Grundwirkung nach diesen Autoren nur dem undissoziierten Teil der sich in Lösung befindenden Säuren zukommt, läuft die Rolle der Wasserstoffionen auf eine Regulierung der Dissoziation und damit auf eine Kontrolle der Toxizität hinaus.

Trotz der oben besprochenen Arbeiten blieben weitere Versuche, die Resistenz der Pflanze mit ihrem Gehalt an organischen Säuren zu verbinden, keineswegs unbeachtet. So erscheint beispielsweise in einer kürzlich veröffentlichten Arbeit von BROWN (1942) die Essigsäure in der Rolle eines „Schutzstoffes" der Gewebe der Wassermelone, welcher der Pflanze beim Kampf mit der Welkekrankheit (wilt) standzuhalten hilft.

Im Zusammenhang mit der von uns behandelten Frage nach der Bedeutung des p_H beanspruchen Angaben der Arbeit von SMITH, WALKER und HOOKER (1946) ein Interesse. Die Aufmerksamkeit der Autoren dieser Arbeit war auf die Untersuchung der Einwirkung, die das p_H auf die fungizide Wirkung einiger organischer Säuren ausübt, konzentriert. Versuche zeigen, daß bei ein und demselben p_H die Toxizität der Benzoesäure hinsichtlich Colletotrichum circinans dreißigmal höher ist als die Toxizität der Protocatechusäure, während diese, ihrer Toxizität nach, die Toxizität der Essigsäure um das fünffache übersteigt. Es wurde festgestellt, daß die Abhängigkeit der Säurewirkung vom p_H-Wert durch eine Gerade ausgedrückt wird. Die Autoren betrachten als eine der Ursachen des Ansteigens der Toxizität der Phenolderivate bei p_H-Steigerung die Beschleunigung des Prozesses der Oxydation der Phenole unter diesen Bedingungen. Als Ergebnis werden bedeutend mehr toxische Stoffe vom Chinontypus gebildet. Die Steigerung des Gehaltes an Chinonen kann sowohl als Folge einer Autoxydation der Phenole, als auch infolge ihrer fermentativen Oxydation durch Polyphenolasen erfolgen, insofern das Optimum dieses Prozesses ebenfalls beim neutralen Punkt liegt. In der Arbeit wurde gezeigt, daß bei Annäherung an den neutralen Punkt die Differenz von der Größe einer p_H-Einheit in der Lage ist, eine dreimal so große Differenz in der Toxizität der Phenole hervorzurufen.

Eine ebensolche Abhängigkeit vom p_H-Wert wurde bei der Prüfung der Toxizität von Extrakten festgestellt, die aus Geweben verschiedener Pflanzen aus der Familie der Kreuzblütler erhalten worden waren.

Diese Tatsachen veranlassen die Autoren anzunehmen, daß sogar geringe Unterschiede im p_H-Wert bei nicht widerstandsfähigen, wie auch bei widerstandsfähigen Pflanzen der Grund für wichtige Unterschiede im Toxizitätsgrad der verschiedenen Bestandteile der Zellen der Wirtspflanze sein können.

Die Ergebnisse derjenigen Arbeiten, die der Überprüfung des zweiten Teiles der Hypothese von COMES dienten, erwiesen sich ebenfalls als unbestimmt: ein negativer Zusammenhang zwischen dem Grad der Widerstandsfähigkeit der Pflanze und dem Zuckergehalt in ihren Geweben. Zur Veranschaulichung führen wir in Tabelle 2 einige Tatsachen an, die dem Buche von ROEMER entnommen sind.

Tabelle 2

Die Widerstandsfähigkeit der Pflanzen und der Zuckergehalt in ihren Geweben
(nach ROEMER)

Parasit	Wirtspflanze	Untersuchungsergebnisse
Botrytis cinerea	Weinrebe	Je höher der Zuckergehalt während der Entwicklung ansteigt, desto empfänglicher ist die Pflanze
Colletotrichum Lind.	Bohne	Keinerlei Zusammenhang
Coniothyrium diplodiella	Weinrebe	Je höher der Zuckergehalt während der Entwicklung ansteigt, desto empfänglicher ist die Pflanze
Cuscuta spp.	Wicke	Je zuckerärmer, desto empfänglicher
Gibberella Saubinetii	Mais	Je zuckerreicher, desto empfänglicher
Guignardia Bidwelii	Weinrebe	Je höher der Zuckergehalt während der Entwicklung ansteigt, desto empfänglicher
Plasmopara viticola	Weinrebe	Je zuckerreicher die Organe sind, desto empfänglicher
Puccinia graminis	Weizen	Keinerlei Zusammenhang mit der Widerstandsfähigkeit. Zuckerzusatz steigert die Empfänglichkeit
Puccinia triticina	Weizen	Starke Verbesserung der Sporenbildung in verdünnten Zuckerlösungen
Uromyces pisi	Wolfsmilch	Der Pilz bevorzugt zuckerreiche Gewebe
Verschiedene Fäulniserreger	Gemüse	Je mehr Zucker die Art oder Sorte enthält, desto geringer die Widerstandsfähigkeit
Verschiedene Rostarten	Gräser	Zuckerzusatz steigert die Empfänglichkeit sogar bei genügend widerstandsfähigen Pflanzen

Nach Angaben von KRISTOFFERSON (1921) besteht zwischen der qualitativen Zusammensetzung der Zucker und der Widerstandsfähigkeit eine bedeutend ausgeprägtere Korrelation. So erwiesen sich beispielsweise diejenigen Werte für die Widerstandsfähigkeit der Mohrrübe als überaus wichtige Kennzahlen, die den Beteiligungsanteil der Monosen an der allgemeinen Summe des löslichen Zuckers angeben: im Maße des Zurückgehens des Anteils der Monosen steigt die Widerstandsfähigkeit der Mohrrübe (Tabelle 3).

Vorliegende Frage ist von RUBIN, ARZICHOWSKAJA und LUTIKOWA (1935–1938) eingehender bearbeitet worden. Durch diese Untersuchungen wurde zugleich auch die Invertase erfaßt, welche die gegenseitigen Umwandlungen der Kohlenhydrate im System Monose-Sacchrose lenkt. Hierbei wurde gezeigt, daß dieser oder jener Monoseanteil im Komplex der löslichen Zuckerarten die überwiegende Richtung der Einwirkung der Invertase widerspiegelt, wobei die Änderung der Einwirkung dieses Ferments in Richtung eines Zerfalls, wie zu erwarten, mit

Tabelle 3

Die Widerstandsfähigkeit der Mohrrübe und der Prozentsatz der reduzierenden Zuckerarten

(Nach KRISTOFFERSON, 1921)

Sorte	%-Anteil der Monosaccharide an der Summe der löslichen Zucker	% Fäulnis
Nantaiser	30,8	3,1
Valerie	42,4	30,2
Geranda	55,7	64,2
Pariser	66,3	79,2

einer erniedrigten Widerstandsfähigkeit der Mikroorganismen in Korrelation steht (näheres hierüber in Abschnitt V).

In einer mehr oder weniger ähnlichen Lage befindet sich, vom Gesichtspunkt eines Zusammenhanges mit der Widerstandsfähigkeit, auch die Frage der stickstoffhaltigen Stoffe der Pflanzen. Auch in diesem Falle gelingt es nicht, irgendeinen sicheren Zusammenhang zwischen der Widerstandsfähigkeit und der Gesamtmenge an Stickstoff in den Geweben nachzuweisen. Gleichzeitig kann aber eine derartige Korrelation bei Gegenüberstellung mit der qualitativen Zusammensetzung der stickstoffhaltigen Stoffe leicht gefunden werden. Im besonderen hat die Abhängigkeit zwischen dem Grad der Widerstandsfähigkeit und dem Anteil an Nichteiweiß-Stickstoff einen recht ausgeprägten Charakter.

Versuche, die Widerstandsfähigkeit mit dem Gehalt der Gewebe der Wirtspflanze an ätherischen Ölen, an einigen Alkaloiden und an anderen Stoffen in Zusammenhang zu bringen, erwiesen sich ebenfalls als wenig erfolgreich. Hinsichtlich letzterer zeigen beispielsweise FISCHER und GÄUMANN (a. a. O.), daß Botrytis cinerea befähigt ist, sich auf Nährböden normal zu entwickeln, die bis zu 2,5% Nikotin, bis zu 2% Atropinsulfat und 4% Chininsulfat enthalten.

Etwas gesicherter erschienen eine Zeitlang die Ergebnisse der Arbeiten von ROCHLINA (1935) über Solanin, das anscheinend die Widerstandsfähigkeit der Kartoffel gegenüber Phytophthora bedingt. Diese Schlußfolgerungen wurden jedoch in späteren Arbeiten anderer Autoren nicht bestätigt.

Die Widerstandsfähigkeit der Kreuzblütler gegenüber Kohlhernie ist gleichfalls nach Angaben von ROCHLINA (1933) durch eine Reihe von Glukosiden bedingt, die bei fermentativer Hydrolyse flüchtige Öle von recht scharfem Geruch ausscheiden (Sinigrin, Glukonasturcin, Glukotropäolin), während das Glukosid Sinalbin, das keine flüchtigen Senföle bildet, für den Kohl keinen Schutz gegenüber Plasmodiosphora brassicae abgibt.

Diesen Angaben entsprechen Ergebnisse der Untersuchungen von REYNOLDS (1931), in denen die Widerstandsfähigkeit des Leins gegenüber Fusarium lini mit der Menge an Glukosid Linamarin, das in den Geweben der Wirtspflanze enthalten ist und das bei Hydrolyse Blausäure bildet, in Zusammenhang gebracht wird. In der gleichen Richtung liegen auch die Arbeiten von TIMONIN (1940).

Eine derartige Untersuchungsrichtung besitzt nach unserer Meinung ein Interesse, sofern hier nicht der feststehende Gehalt an einem Stoff vor Augen steht, sondern seine Umwandlung, die als Ergebnis des Zusammentreffens von Wirt und Parasiten erfolgt. Übrigens wurde die Bedeutung der Senföle, als Faktor der Widerstandsfähigkeit einer Pflanze, in der kürzlich veröffentlichten Arbeit von STAHMAN, LINK und WALK (1943) nicht bestätigt.

Die bei Untersuchung der Rolle der Phenole und phenolähnlicher Stoffe erhaltenen Angaben unterscheiden sich stark vom größeren Teil der in diesem Abschnitt behandelten Tatsachen.

Beobachtungen von COOK und Mitarbeitern (1911—1916) über die Toxizität einiger Derivate von Phenolen für eine große Zahl von pathogenen Pilzen dienten als Grundlage für diese Untersuchungen.

Um dieselbe Zeit wurde beispielsweise von den Forschern SCHEEDE[1] und VALEAU (1915) gefunden, daß in einer Reihe von Fällen Tannin eine stimulierende Wirkung auf Pilze auszuüben vermag.

Schließlich zeigte BAWENDAMM (1928), daß einige Pilze befähigt sind, Phenole mit ihren Derivaten als Nährsubstanz zu verwerten (beispielsweise Pilze, die Holzarten befallen).

Die Arbeiten von VALEAU, BAWENDAMM und einer Reihe anderer Forscher untergruben stark die Bedeutung der Tatsachen, die von COOK gefunden worden waren. Es schien, als ob die Arbeiten auch dieses Autors nicht zur Feststellung einer physiologisch bedingten Abhängigkeit, sondern nur zur Feststellung einer zufälligen formalen Korrelation führen. Weitere Untersuchungen des Laboratoriums von WALKER (1923—1941) zeigten jedoch, daß eine derartige Schlußfolgerung verfrüht und wohl nicht zutreffend ist.

WALKER und andere (1923—1941) wandten ihre Aufmerksamkeit der Tatsache zu, daß Zwiebeln mit verfärbten Außenschalen hinsichtlich Botrytis allii und Colletotrichum circinans widerstandsfähig sind, während Sorten mit weißen (hellgelben) Schalen sich als außerordentlich empfänglich erweisen.

Als Ergebnis der Untersuchung der Ursachen dieser Unterschiede stellten die Verfasser fest, daß der färbende Stoff der Schalen, der sich als Quercetin erwies, ebenso wie auch die bei dessen Hydrolyse erhaltene Protocatechusäure, ausschließlich auf Sporen einer ganzen Reihe von Pilzen, darunter auch die oben angeführten Botrytis und Colletotrichum, toxisch einwirkten. Die ursächliche Abhängigkeit zwischen dem Gehalt an Protocatechusäure und der Widerstandsfähigkeit zeigt sich auch durch die sehr wichtige Tatsache, daß der Pilz Aspergillus niger, der sowohl die roten wie auch die hellen Zwiebeln gleich leicht befällt, sich als vollkommen unempfindlich gegenüber diesen Verbindungen erweist, auch wenn sie in verhältnismäßig hohen Konzentrationen vorliegen.

[1] Die Angaben über die Untersuchungen von SCHEEDE sind der Arbeit von DEKKER (1913) entnommen.

Zur Veranschaulichung bringen wir Angaben über einen der Versuche von WALKER und seinen Mitarbeitern (Tabelle 4).

Tabelle 4

Das Keimen der Sporen einiger Pilze in Extrakten aus verschieden gefärbten Zwiebelschalen

Parasit	% Keimung der Sporen	
	Zwiebeln mit weißen Schalen	Zwiebeln mit gefärbten Schalen
Colletotrichum circinans	87—92	0—2
Botrytis allii	75—85	1—4
Aspergillus niger	70—75	75

Aus den Zahlen der Tabelle ist zu ersehen, daß Colletotrichum- und Botrytissporen nicht befähigt sind, in Extrakten verfärbter Zwiebeln zu keimen, welche hinsichtlich dieser Pilze praktisch vollständig resistent sind.

Gleichzeitig mit den Untersuchungen von WALKER wurden Arbeiten von NEWTON und ANDERSON (1929) veröffentlicht, in denen der Zusammenhang zwischen dem Resistenzgrad des Weizens gegenüber Puccinia triticina und dem Gehalt an Verbindungen des Phenoltypus in den Blättern untersucht wurde. Diese Arbeiten zeigten, daß ein derartiger Zusammenhang im allgemeinen tatsächlich besteht. Gleichzeitig stellte es sich jedoch heraus, daß die physiologische Aktivität verschiedener Vertreter der Gruppe der sogenannten Gerbstoffe recht ungleichartig ist.

Histologische Untersuchungen von DUFRENOY (1932—1934) wiederum erschütterten gewissermaßen die Bedeutung der Gerbstoffe als Faktor, der mit der Widerstandsfähigkeit der Pflanze zusammenhängt. Tatsächlich zeigte DUFRENOY, daß sowohl widerstandsfähige, als auch nicht standfeste Pflanzen als Gegenaktion auf das Eindringen von Parasiten in den Vakuolen ihrer Zellen Phenolverbindungen bilden. Der Unterschied zwischen den einen und den anderen Pflanzen trägt nur einen quantitativen Charakter und äußert sich darin, daß der Reiz oder der Impuls zur Phenolbildung in den Geweben der widerstandsfähigen Pflanzen schneller erfolgt, wobei dieser Prozeß viel intensiver als bei nicht standfesten Pflanzenarten abläuft (DUFRENOY, 1936). Ein gewisser Widerspruch der gebrachten Angaben wird durch Ergebnisse der Arbeiten von KARGOPOLOWA (1937) bei Untersuchung der Bedeutung der Phenole für die Immunitätsreaktion des Weizens gegenüber Rost in wesentlichem Maße beseitigt. KARGOPOLOWA nimmt an, daß die qualitative Zusammensetzung der beim Weizen vorliegenden Phenole und vor allem die Stellung der Oxygruppen im Benzolkern für den Grad der Widerstandsfähigkeit außerordentlich wichtig ist. Phenole mit Hydroxylgruppen in Para- und Orthostellung (Pyrocatechin, Hydrochinon) verfügen über eine größere Toxizität, während Metaverbindungen sich als fast inaktiv erwiesen. Die angeführten Unterschiede in der physiologischen Wirkung der einzelnen Gruppen der Phenolderivate sind nach Auffassung des Verfassers durch ihre verschiedene Oxydationsfähigkeit bedingt.

Die Angaben von KARGOPOLOWA fanden in der Arbeit von GREATHOUSE und RIGLER (1940) eine Bestätigung. Indem diese die Wirkung einer großen Anzahl von Phenolen und ihnen nahestehenden Verbindungen auf das Wachstum von Phymatotrichum omnivorum untersuchten, kamen die Autoren zu folgenden Schlußfolgerungen: „Die Toxizität des einfach substituierten Benzolkerns hängt von der substituierenden Gruppe ab, wobei die Wirksamkeitsreihe die nachstehende ist: $OH > SH > COOH > CHO > OCH_3$. Die Toxizität der zweifach substituierten Verbindungen hängt sowohl vom Charakter der substituierenden Gruppen, als auch von deren gegenseitigen Stellung ab. Von den Dihydroxybenzolen sind die Paraverbindungen am stärksten toxisch, dann folgen die Orthoverbindungen, während Verbindungen mit Metastellung der Hydroxyle die geringste Toxizität zeigen. Die Toxizitätsreihe der Dihydrobenzoesäuren ist folgende: para und ortho > meta; Methylphenole und Methylbenzoesäuren stehen in bezug auf Toxizität in nachstehender Reihenfolge: para > meta > ortho usw. Die Substitution des einfach substituierten Benzolkernes durch eine andersartige Gruppe als die vorliegende ruft je nach dem Charakter der Gruppen und ihrer gegenseitigen Stellung entweder eine Verstärkung oder Schwächung der Toxizität hervor."

Somit führt nach der Hypothese von KARGOPOLOWA die physiologische Rolle der Gerbstoffe, dank einer erfolgreichen Einschaltung in den Sauerstoffstoffwechsel zu einer Verstärkung der Oxydationsprozesse in der Zelle.

Die angeführten Daten erscheinen uns als wichtig, da auf dieser Grundlage entwickelte Auffassungen mehr einen allgemeinen Charakter tragen. Sie schließen sich denjenigen Auffassungen über in den Pflanzen vor sich gehende Oxydationsprozesse an, die bei der Widerstandsfähigkeit der Pflanze eine wesentliche Rolle spielen. (Diese Frage wird in Abschnitt V eingehender behandelt werden.)

Andererseits ist die Frage nach der Rolle der Gerbstoffe auch vom hydrolytischen System der Zelle untrennbar, insofern selbst die Entstehung der aktiven Phenolgruppierungen mit einer Aufspaltung der Glukoside oder von Äthern, in welcher Form sie in der Pflanze vorwiegend vorkommen, zusammenhängt. Unter Berücksichtigung dieser Verhältnisse ist es nicht schwer zu ersehen, daß die Bedeutung der Gerbstoffe, als Faktor der Widerstandsfähigkeit der Pflanzen, in hohem Maße von den Besonderheiten des Stoffwechsels der Zelle abhängt. Was den Mechanismus der Schutzwirkung der Phenole betrifft, so ist es recht wahrscheinlich, daß ihm die Unterdrückung der in den Geweben des Parasiten verlaufenden Oxydationsprozesse und die Schaffung von Bedingungen des Sauerstoffhungers zugrunde liegen (LUTZ, 1928; LEPIK, 1939).

Interessant ist es, daß ein starker Anstieg des Gerbstoffgehaltes auch bei einigen Viruserkrankungen in den kranken Pflanzen beobachtet wird. Gleichfalls ändert sich auch die Zusammensetzung der Gerbstoffe: kranke Pflanzen enthalten vor allem Derivate des Pyrogallols und Catechins (JENGAR, 1937).

Zieht man eine Bilanz über diejenigen Arbeiten, die mit der sogenannten chemotropen Theorie der Widerstandsfähigkeit zusammenhängen, so muß zugegeben werden, daß diese Arbeiten größtenteils einen empirischen Charakter tragen. Die Ergebnisse der durchgeführten Untersuchungen erwiesen sich als recht ungenau und geben keinen Anlaß zu irgendwelchen verallgemeinernden Auffassungen. Zusammenhänge zwischen der Zusammensetzung irgendeines Stoffes und dem Grad der Widerstandsfähigkeit einer Wirtspflanze, die in einer Reihe von Fällen gefunden wurden, erwiesen sich meistenteils als unbegründete, physiologisch bedingte Zusammenhänge, abstrakte, einen inneren Sinn entbehrende Korrelationen.

Die chemotrope Theorie beachtete nicht die bei Mikroorganismen stark ausgeprägte Adaptionsfähigkeit bezüglich der Nährstoffquellen und der toxischen Stoffe. Als Beispiel führen wir Beobachtungen an, nach denen man durch folgerichtige Übergänge ein normales Wachstum der Schimmelpilze auf Nährböden mit einem hohen $CuSO_4$-Gehalt und in einer 2,5% H_2SO_4-Lösung erzielen kann (STARKEY und WAKSMAN, 1943).

An die Erscheinungen des Chemotropismus schließen sich Fälle des Befalles oder umgekehrt der Widerstandsfähigkeit eng an, die nicht mit konstitutionellen, sondern mit phänotypen Merkmalen der Pflanze zusammenhängen. Ihre eingehende Betrachtung ist jedoch nicht unsere Aufgabe, zumal wir es hier im wesentlichen nicht mit etwas zu tun haben, das sich prinzipiell von demjenigen Material, das in diesem Abschnitt bereits behandelt wurde, unterscheidet. Das Erwähnte widerspricht keineswegs der Auffassung, daß der Charakter gegenseitiger Beziehungen zwischen Pflanze und phytopathogenem Mikroorganismus mit konkreten Bedingungen der Umwelt eng zusammenhängt und sich bei Wandlung dieser Bedingungen stark verändert. Dieser Zustand gehört zur Zahl der unbestreitbaren Fälle, doch sind die ihnen zugrunde liegenden inneren Ursachen fast gar nicht untersucht.

Im Zusammenhang mit hier behandelten Fragen bietet die Theorie der Immunogenese, die in den allerletzten Jahren von Professor M. S. DUNIN aufgestellt wurde, großes Interesse (siehe M. S. DUNIN, Die Immunogenese und ihre praktische Auswertung, 1946).

Abschnitt III

Die mechanischen Eigenschaften der Gewebe und ihre Rolle bei den Äußerungen der Widerstandsfähigkeit

Auf die Bildung der Hyphen folgt das Eindringen derselben in die Gewebe der Wirtspflanze. Bei der Untersuchung dieses Vorganges standen zwei Fragen im Vordergrund: 1. hängt (und in welchem Maße) die Widerstandsfähigkeit der Pflanze mit Eigenschaften ihrer Außenhülle zusammen; 2. durch welchen Mechanismus erfolgt das Eindringen der Pilzhyphen in das Zellinnere der Wirtspflanze?

Bei der Betrachtung der sich hierauf beziehenden Tatsachen können wir nur ganz flüchtig verweilen.

Ungeachtet der recht großen Anzahl an Untersuchungen, die in dieser Richtung durchgeführt worden sind, wurde eine einheitliche Lösung der betreffenden Probleme nicht gefunden, ja es dürfte anscheinend wohl kaum eine Lösung geben.

Aus einer ganzen Reihe von Arbeiten, die veröffentlicht wurden, folgt, daß die äußeren kutinisierten Schichten der Parenchymzellen der Pflanzen Hindernisse darstellen, die von Pilzen besonders schwer überwindbar sind. Im Zusammenhang hiermit messen die Autoren dieser Untersuchungen den Faktoren der sogenannten mechanischen Widerstandsfähigkeit des Wirts eine große Bedeutung bei (Curtis, 1928; Graf-Marin, 1934 und viele andere).

Wir hatten bereits oben von Hawkins und Harvey gewonnene Resultate gebracht, wonach Hyphen von Pythium Debaryanum in 24 Stunden 366—436 μ tief in die Knollen einer nicht standhaften Kartoffelsorte und nicht mehr als 102 μ tief in Knollen einer widerstandsfähigen Kartoffelsorte eindringen. Für die Überwindung einer Zelle der nicht standhaften Sorte waren 43—50 Minuten und der widerstandsfähigen Sorte 204 Minuten erforderlich. Entsprechende Ergebnisse wurden von den Verfassern auch bei der mechanischen Prüfung der Gewebe erhalten. Die Zellwände von nicht standhaften Kartoffelsorten brachen bei einem Druck, der 42—49 kg je qcm des Gewebes gleichkam, während bei widerstandsfähigen Sorten die Zellwände nur bei einem fast doppelt so großen Druck, bei 89,4 kg zerstört wurden.

Nach der Ansicht einer Reihe von Forschern ist der Prozeß des Eindringens der Hyphen in die Zellwände durch Äußerungen eines rein mechanischen Durchbruches und nicht durch chemische Einwirkung auf diese bedingt.

Nach Lind (1898) sind Botrytis-Hyphen befähigt, dünne Plättchen aus Marmor, Kalkstein, Kollodium, Gold, wie auch eine Eierschale zu durchbohren, indem

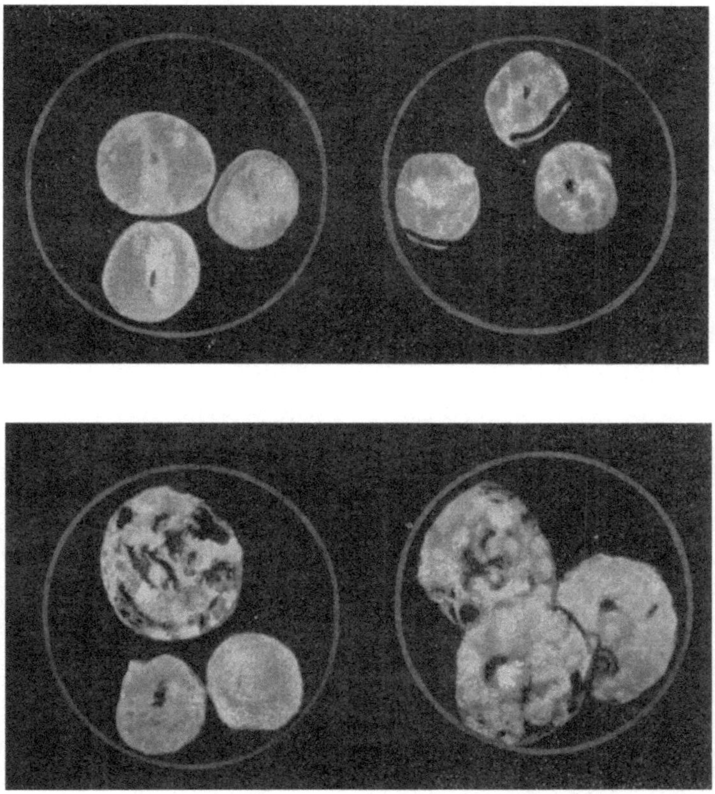

Abb. 5

Verschiedene Geschwindigkeit der Infektionsausbreitung bei Kartoffelstücken in Abhängigkeit von der Widerstandsfähigkeit der Knolle (nach ROEMER)

sie hierbei einen Druck bis zu 5 Atmosphären entwickeln. Als Beweis für die rein mechanische Art der Einwirkung, die in diesen Fällen vom Pilz ausgeübt wird, diente die Tatsache, daß nur Wände einer bestimmten Stärke überwunden werden konnten.

Andererseits sind in der Literatur eine Reihe von Arbeiten bekannt, in denen unzweideutig gezeigt wird, daß in einigen Fällen der Durchbruch von Pilzen durch Zellwände des Wirts mit Hilfe enzymatischer Einwirkungen auf diese erfolgt (Orton, 1924; Wiltshire, 1915). Eine besonders wichtige Rolle spielen hierbei die Fermente des Pektinkomplexes, diese lösen die Mittellamellen der Zellwände und unterstützen hierdurch das Eindringen der Hyphen.

Übrigens beschrieb de Bary diese Art des Eindringens von nicht weiter spezialisierten Parasiten (Sclerotinia) bereits im Jahre 1886. Seiner Auffassung nach sind schmarotzende Pilze des fakultativen Typus befähigt, vor dem Eindringen der Hyphen durch die Kutikula den Tod der Protoplasten der Wirtszellen zu verursachen. Arzichowskaja beobachtete in unserem Laboratorium ein entsprechendes Bild bei Kohl, der von Botrytis cinerea befallen war.

Die genannte Sachlage wird jedoch von vielen Autoren entschieden bestritten. Boyle (1921) und Brown (1922) nehmen beispielsweise an, daß das Eindringen der Hyphen in die Wirtszelle die erste Stufe eines Kampfes darstellt, die der chemischen Einwirkung des Parasiten auf das Protoplasma vorangeht.

Anscheinend können beide Gesichtspunkte als zutreffend angesehen werden, als die Wege des Eindringens des Parasiten in verschiedenen Fällen verschieden sein können. Durchaus möglich ist auch eine kombinierte, gleichzeitige Ausnutzung beider Wege von ein und demselben Parasiten.

Roemer (a. a. O.) unterscheidet entsprechend Köck (1931) bei Knollen, Wurzelfrüchten und dgl. von der Widerstandsfähigkeit gegenüber einer Durchdringung der Zellwände, die Widerstandsfähigkeit gegen Infektionsausbreitung. Diese spielt nach Auffassung von Roemer bei der Winterlagerung von Knollen und Wurzelfrüchten eine entscheidende Rolle.

In Abbildung 5 bringen wir aus dem Buch von Roemer Aufnahmen, aus denen ersichtlich ist, in wie starkem Maße sich einzelne Kartoffelknollen hinsichtlich der Ausbreitung von Infektionen bei Vorliegen einer künstlichen Infektion von herausgeschnittenen Stücken unterscheiden.

Jones und Giddings (1912) arbeiteten auf diesem Wege eine Spezialmethode für Selektionszwecke zur Auswahl von hinsichtlich Phytophthora widerstandsfähigen Kartoffelknollen aus.

Eine entsprechende Methode mit denselben Zielen wurde von Schewtschenko (1939) für die Zuckerrübe vorgeschlagen.

Unter Anwendung der Methode von Schewtschenko führen sowjetische Zuckerrübenanbaustationen mit Erfolg eine Selektionsauswahl der Zuckerrübensorten durch, die sich durch hohe Widerstandsfähigkeit bei langer Lagerung auszeichnen.

Abbildung 6 bringt ein Schema nach SCHEWTSCHENKO, das den Grad der Widerstandsfähigkeit der einzelnen Wurzelteile gegenüber Wurzelfäule charakterisiert.

Versuche von RUBIN und BJELORITZKAJA mit verschiedenen Mohrrübensorten zeigten, daß gewisse Unterschiede in der Widerstandsfähigkeit für diese Sorte gegenüber dem Eindringen des Pilzes Sclerotinia charakteristisch sind. Demgegenüber erwies sich die Widerstandsfähigkeit der untersuchten Sorten hinsichtlich der Ausbreitung der Infektion, nachdem sie bereits die Kutikula passiert hatte, als wenig verschieden.

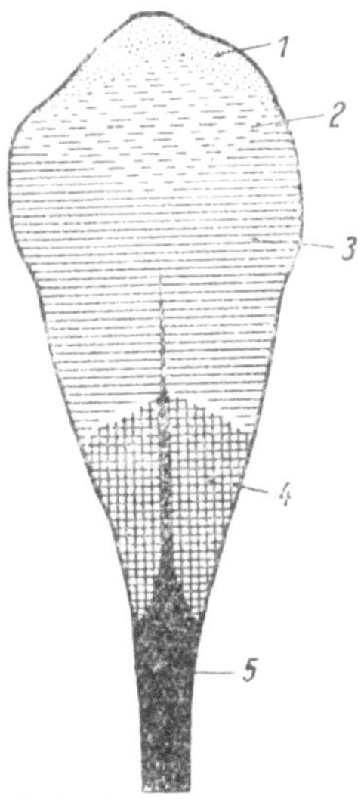

Abb. 6
Unterschiede im Grad der Widerstandsfähigkeit gegenüber phytopathogenen Mikroorganismen der einzelnen Teile der Zuckerrübe (nach SCHEWTSCHENKO)

1 — widerstandsfähigste Zone; 2 — hochwiderstandsfähige Zone; 3 — Mittelstellung hinsichtlich der Widerstandsfähigkeit; 4 — leicht befallene Zone; 5 — am leichtesten befallene Zone.

Zu den Äußerungen einer mechanischen Widerstandsfähigkeit wird auch die für Pflanzen charakteristische Eigenschaft gezählt, unter der Einwirkung eines durch Infektion hervorgerufenen Reizes einen Pfropfen und Korkgewebe zu bilden, das von vielen Autoren als ein wichtiges Merkmal der Widerstandsfähigkeit angesehen wird. In diesem Fall stoßen wir wiederum auf eine ganze Reihe von unaufgeklärten Fragen. Vom biochemischen Gesichtspunkte aus steht es bis jetzt nicht fest, ob Pilzausscheidungen die Fähigkeit zur Rindenbildung, die für Pflanzen charakteristisch ist, unterdrücken. Auch ist es unbekannt, ob der Wachstumsstillstand des Pilzes beim Befall eines Wirtes durch ihn als Folge einer verstärkten Korkgewebsbildung des Wirtes angesehen werden kann, die seinerseits vom Pilz selbst und von dessen Ausscheidungen stimuliert wird.

Letzte Untersuchungen von PUSCHKINSKAJA, die in unserem Institut für Biochemie der Akademie der Wissenschaften der UdSSR durchgeführt wurden, zeigen, daß unter den Mikroorganismen, die zur Zahl der oberhalb der Wurzel gelegenen Mikroflora der Zuckerrübe (Mykorrhiza) gehören, eine große Gruppe von Mikroben vorhanden ist, die hinsichtlich der aktiven Fäulniserreger der Wurzel antagonistisch sind. Die Untersuchung der Wechselwirkung der Mikroflora der Zuckerrübenwurzel mit einem der Haupterreger der Wurzelfäule, der Botrytis, die auf künstlichen Nährböden durchgeführt wurde, zeigte, daß weiße und rosa Hefearten, eine Reihe von Bakterien, wie auch Penicillium, Mucor, Alternaria cladiosporium und anderes über eine antagonistische Wirkung verfügen. Den ausgeprägtesten Antagonismus hinsichtlich Botrytis zeigen Trichoderma lignorum und Stachybotrys, die eine schnelle fungizide Wirkung erkennen lassen. Anscheinend haben wir im gegebenen Fall ein Beispiel einer klar ausgeprägten Anpassungsreaktion der Zukerrübenpflanze, die sich beim Evolutionsprozeß in ihr herausbildete. Diesem Anpassungsprozeß liegt die Auslese einer bestimmten Gruppe von Mikroben-Saprophyten durch die höhere Pflanze zugrunde. Ein beständiger Kontakt mit diesen Mikroben regt die Ausbildung von Schutzreaktionen beim Wirt an und teilweise die Fähigkeit zur schnellen Wiederherstellung der Deckgewebe.

Diese Fähigkeit zur energischen Kutinisierung der Parenchymzellen, die sich unter der Einwirkung von Ausscheidungen der Saprophyten ausbildet, spielt eine der entscheidendsten Rollen im System der Schutzreaktionen der Wurzel, die beim Zusammentreffen mit für sie pathogenen Mikrobenformen, ebenso wie auch im Fall irgendwelcher mechanischer Verletzungen, in Erscheinung treten.

Die hier kurz besprochenen Tatsachen ermöglichen es immerhin zu erkennen, daß die mechanischen Eigenschaften der Gewebe der Wirtspflanze anscheinend in einer Reihe von Fällen eine wichtige Rolle in bezug auf ihre Widerstandsfähigkeit spielen. Die Untersuchung dieses Problems hat auch in biochemischer Hinsicht ein großes Interesse. Gleichzeitig muß im Auge behalten werden, daß die Theorie der mechanischen Widerstandsfähigkeit nicht in der Lage ist, eine ganze Reihe von sehr verbreiteten Fällen auf dem Gebiet der Wechselwirkungen zwischen Pilz und Wirt zu erklären. Versuche mit einer künstlichen Infektion der Zuckerrübenwurzel, beispielsweise mit Botrytis cinerea (Bunina, 1929—1933), zeigten, daß die Folgeerscheinungen der Einbringung einer virulenten Pilzkultur in die Stelle einer besonders ausgeführten tiefen Wurzelverletzung ganz vom physiologischen Zustand der Wurzel abhängen.

Frische Wurzeln mit turgeszenten Zellen widerstehen in der Regel einer Infektion und erkranken nicht, während verwelkte Wurzeln einen hundertprozentigen Befall zeigen. Die Ursache der größeren Empfänglichkeit einer welken Wurzel, welche den Gewebeturgor einbüßte, liegt anscheinend darin, daß der Pilz beim Eindringen in derartige Zellen keinen Sauerstoffmangel empfindet.

Somit hängt die auf die Resistenz der Pflanze durch Verletzung der heilen Außenhülle ausgeübte Wirkung mit dem allgemeinen Zustand des Organismus des Wirtes zusammen. Eine entscheidende Bedeutung muß hierbei der Fähigkeit der Pflanze zur Neubildung eines Schutzgewebes auf Beschädigungen hin beigemessen werden (einer sogenannten „Kutinisierung"). Recht ausführliche Untersuchungen wurden auf diesem Gebiet von Oparin und Kuplenskaja im Verlaufe einer Reihe von Jahren durchgeführt.

Die Ergebnisse der Beobachtungen dieser Verfasser, die sich auf Zuckerrübenwurzeln beziehen, weisen auf das Bestehen eines ganz bestimmten und engen Zusammenhanges zwischen der Verletzbarkeit des Wirtes und der Energie der Ausbildung einer Kutikulaschicht an den Schnittstellen hin. Mit Vergrößerung der Anzahl der Reihen der von der Wurzel gebildeten kutinisierten Zellen steigt die Widerstandsfähigkeit der Wurzel an. Untersuchungen, die von uns gemeinsam mit Puschkinskaja in Kasachstan (Rubin, Puschkinskaja und Sokolowa, 1905) durchgeführt wurden, weisen ebenfalls auf das Bestehen eines ähnlichen Zusammenhanges hin. Im besonderen wurde bei Untersuchung des Verlaufes des Kutinisierungsprozesses bei einer mittelasiatischen Zuckerrübe festgestellt, daß die Intensität dieses Prozesses bei einer Zuckerrübe, die in verschiedener Höhenlage über dem Meeresspiegel herangewachsen war, ganz ungleichmäßig ist. Beispielsweise verlief die Vernarbung einer Zuckerrübe, die in einer Höhenlage von 1800 m herangewachsen war, fast doppelt so energisch im Vergleich zum Verlauf dieses Prozesses bei einer Zuckerrübe, die in einer Höhenlage von 1000 m wuchs.

Versuche mit einer künstlichen Infektion von Wurzeln zeigten, daß sich der Grad ihrer Widerstandsfähigkeit mit der Geschwindigkeit der Kutinisierung in einer befriedigenden Korrelation befindet. Im besonderen ergab eine hochalpine Zuckerrübe bei einer Infektion nur 10% Wurzeln mit starken Schädigungen, während die Anzahl derartiger Wurzeln bei einer in einer Höhenlage von 1000 m herangewachsenen Zuckerrübe fast siebenmal größer war.

Arbeiten der letzten Zeit zeigen, daß die Intensität der Kutinisierungsprozesse mit dem Stand der Oxydationsaktivität des Gewebes auf engste Weise zusammenhängt, insofern die Synthese der Zellwandstoffe zur Gruppe der Oxydationssynthesen gehört (KURSSANOW, 1943). Somit stoßen wir auch in diesem Fall auf eine Gesetzmäßigkeit, die sich aus Besonderheiten des Stoffwechsels in den Geweben der Wirtspflanze ergibt.

Das gebrachte Tatsachenmaterial gibt uns das Recht zu folgern, daß die mechanische Widerstandsfähigkeit, die zweifellos eine recht wichtige Rolle spielt, stets auf der Grundlage und im Zusammenhang mit der Widerstandsfähigkeit des Protoplasmas betrachtet werden muß.

Abschnitt IV

Das biochemische Bild der Wechselwirkung des Pilzes mit den Geweben der Wirtspflanze

Unmittelbar nach Eindringen der Hyphen des Parasiten in die Gewebe des Wirtes kommt es zu einer Wechselwirkung zwischen beiden Organismen. Dieser Abschnitt ist entscheidend, da gerade bei der Entstehung eines engen physiologischen Kontaktes auch sämtliche Mittel, die beiden Partnern zugänglich sind, Verwendung finden: einerseits Mittel des Angriffs und andererseits des Schutzes vor fremdem Eingriff. Gerade hier zeichnen sich die Endergebnisse ab, und es entscheidet sich der Erfolg oder der Mißerfolg des Befalls und des Widerstandes. Hier wird das Resultat des stattgefundenen Zusammenstoßes entschieden. Im vorliegenden Fall ist somit nicht von einer passiven Abwehr die Rede, die mit dem Vorkommen oder Fehlen der einen oder anderen chemischen Verbindung in den Geweben zusammenhängt, sondern von einem bestimmten Komplex biochemischer Prozesse, die im Stoffwechsel eines jeden Partners begründet sind, und von der Art der Reaktion auf den erfolgten Kontakt.

Die Literatur über dieses Gebiet ist sehr umfangreich, jedoch hat, w e wir weiter unten sehen werden, sich nur ein geringer Teil der Arbeiten die Aufgabe gestellt, den ursächlichen Zusammenhang zwischen den Besonderheiten des Stoffwechsels der Pflanze und dem Charakter ihrer Reaktion auf eine Infektion hin aufzuzeigen. In der Mehrzahl der Fälle stoßen wir auch hier auf abstrakte Gegenüberstellungen der Aktivität irgendeines Fermentes oder einiger Fermente des Wirtes mit seinem Widerstandsfähigkeitsgrad. Die Autoren versuchten bei weitem nicht immer den Sinn dieser Zusammenhänge zu klären.

Bevor wir die wichtigsten Untersuchungen auf diesem Gebiet betrachten, wollen wir einige Beispiele von Äußerungen der Widerstandsfähigkeit anführen, denen zweifellos physiologisch-biochemische Faktoren zugrunde liegen müssen.

Der Saft aus den Wurzeln der Zuckerrübe unterdrückt die Entwicklung der Hefen. Die gleiche Wurzel wirkt nach Gefrieren und anschließendem Auftauen stimulierend auf Hefezellen (Oparin und Kuplenskaja, 1936).

Der gegen Puccinia graminis widerstandsfähige Weizen enthält einen Stoff, der die Entwicklung der Keimschläuche des Parasiten unterdrückt (Newton, Lehmann und Clarke, 1929).

Der schädigenden Wirkung des Saftes einer immunen Pflanze auf Fermente des entsprechenden Parasiten liegt eine antagonistische Einstellung zugrunde.

Auch die Wechselwirkung zwischen verschiedenen phytopathogenen Mikroorganismen ist ein nicht zu vernachlässigendes Moment. So wird die Wirkung des Zuckerrübensaftes auf die Entwicklung von Hefen, wie in den schon erwähnten Versuchen von Oparin und Kuplenskaja gezeigt wird, durch Wurzelinfektion mit Botrytis, Fusarium und einer Reihe anderer Pilze aufgehoben.

Die Empfindlichkeit von Weizen gegenüber Puccinia glumarum wächst bei Gegenwart eines anderen Parasiten (Tilletia tritici) stark an (Falk, 1935).

Ein analoger Fall wurde von Johnston (1934) beschrieben, wonach die Widerstandsfähigkeit des Weizens gegenüber Puccinia triticina bei Anwesenheit von Erysiphe graminis verlorengeht.

Ezekiel und Fudge (1938) beschäftigten sich mit der Untersuchung der Ursachen der spezifischen Widerstandsfähigkeit von Monokotyledonen gegenüber der Wurzelfäule, die durch Phymatotrichum omnivorum hervorgerufen wird. Die Autoren zeigten, daß Extrakte aus dem Saft der Monokotyledonen das Wachstum dieses Pilzes verhindern, während entsprechende Präparate, die von einer ganzen Reihe von Dikotyledonen erhalten waren, die Entwicklung des Parasiten stimulierten. In der Arbeit wurde eine chemische Untersuchung der im Saft der Monokotyledonen enthaltenden Substanz durchgeführt. Diese erwies sich als in Äther löslich, zeigte saure Eigenschaften, und war von einer Konzentration von 0,02% ab aktiv (berechnet auf das Gewicht des pflanzlichen Ausgangsmaterials).

Zytologische Studien von Allen (1923—1926) führten gleichfalls zur Schlußfolgerung, daß die Widerstandsfähigkeit einer Pflanze von der antagonistischen Wechselwirkung zwischen Wirt und Parasit abhängen muß. Zu analogen Schlußfolgerungen kam Rice in einer kürzlich veröffentlichten Zusammenfassung (a. a. O.). Nach Ansicht dieses Autors besitzt der Anpassungsgrad eines Parasiten an den Stoffwechsel des Wirtes eine entscheidende Bedeutung. Nach Auffassung einiger Autoren ist der Stoffwechsel eine Gruppeneigenschaft, die für eine ganze Reihe von Arten, Familien und größeren systematischen Einheiten charakteristisch ist.

Das Eindringen von Pilzhyphen in die Zellen der Pflanze und die Ausbildung eines unmittelbaren Kontaktes zwischen dem ausgeschiedenen zusammengesetzten Komplex an physiologisch aktiven Stoffen (Toxinen) und dem lebenden Stoff der Wirtszelle dürfte der Anlaß für Gegenwirkungen auf diesen Eingriff von seiten der Pflanze sein. Der Charakter dieser Reaktionen bildet eigentlich auch das Wesen dessen, was man unter dem Begriff Standhaftigkeit, Widerstandsfähigkeit oder Immunität versteht.

Wir sahen bereits, daß sowohl das Keimen der Sporen, wie sogar auch das Eindringen der Myzelienspitze (der Infektionshyphe) in das Innere der Wirtszelle stets und überall unspezifisch ist. Beide Vorgänge können bei Gegenwart eines pathogenen Mikroorganismus, sowohl an einer nicht standhaften von ihm befallenen Pflanze, als auch häufig an einer resistenten und widerstandsfähigen Pflanze eintreten. Das mit dem Grad der Widerstandsfähigkeit des Wirtes zusammenhängende Spezifische tritt zu allererst nur nach Eindringen der Hyphe in das Innere der Zelle und nach Ausbildung eines unmittelbaren Kontaktes zwischen ihr und dem Plasma in Erscheinung. Infolgedessen muß auch die Art der Reaktion auf eine Infektion hin bei Vertretern der Wirtspflanze, die sich in botanischer Hinsicht nahestehen, sich aber nach dem Widerstandsfähigkeitsgrad unterscheiden, und bei Artverschiedenheiten und Sorten recht verschieden sein.

Als Beispiel wollen wir einige Tatsachen aus Untersuchungen, die in unserem Laboratorium durchgeführt wurden, anführen, welche die biochemischen Merkmale der Widerstandsfähigkeit des Kohls gegenüber Botrytis cinerea betreffen (ARZICHOWSKAJA, 1946).

Abbildung 7 bringt Kurven, die den typischen Verlauf der Ausbreitung des Botrytismyzels bei künstlicher Infektion der Gewebe widerstandsfähiger und nicht standhafter Kohlsorten charakterisieren. An Blättern der nicht standhaften Sorte (Nr. 1) kann bereits am zweiten Tage nach Infektion ein Dunkelwerden der Gewebe an der Infektionsstelle beobachtet werden. Die Grenzen des dunkel gewordenen Bereiches erweitern sich mit jedem Tage. Auf der Blattoberfläche zeigt sich gleichfalls von den ersten Infektionstagen an Myzelbildung, doch bleibt sie hinter der Zone, die von der Reaktion des Dunkelwerdens erfaßt wurde, stark zurück. Bei einer widerstandsfähigen Sorte ist das Bild ein ganz anderes. Trotz äußerst günstiger Bedingungen, in die der Parasit versetzt wurde, bleibt das Blatt die ersten sechs bis sieben Tage nach der Infektion völlig gesund.

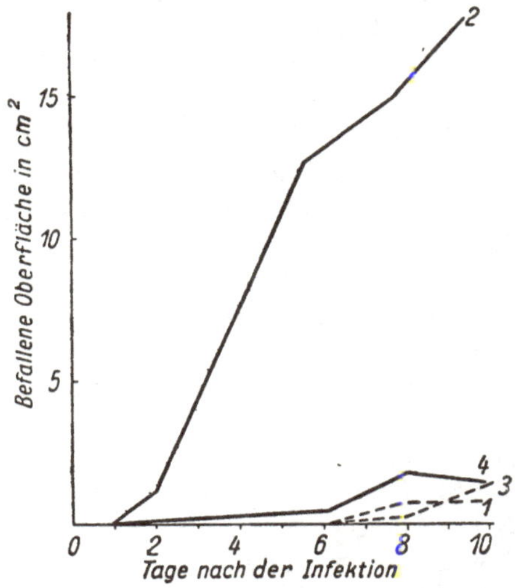

Abb. 7

Die Reaktion des Kohls auf eine Infektion von Botrytis cinerea

1. Amager, dunkel gewordenes Gewebe; 2. Sorte Nr. 1, dunkel gewordenes Gewebe; 3. Amager, mit Außenmyzelen; 4. Sorte Nr. 1, mit Außenmyzelen.

Erst am achten Tage beginnt das Gewebe um die Einschnittstelle herum (Stelle der Infektionsübertragung) dunkler zu werden, der Flaum des äußeren Myzels, dessen Entwicklung auch im weiteren Verlauf nicht hinter der sich erweiternden Fläche des dunkler gewordenen Gewebes zurückbleibt, beginnt aufzutreten.

Bereits bei diesem Beispiel sieht man, daß die Widerstandsfähigkeit gegenüber einer Infektion durch die Widerstandsfähigkeit gegenüber toxischen Pilzausscheidungen bestimmt wird. Hierfür spricht der große Unterschied zwischen den Ausmaßen der Fläche, die bei der nicht standhaften Sorte (Nr. 1) vom Myzel bedeckt und vom Toxin infiziert ist und das fast völlige Zusammenfallen dieser Werte bei der widerstandsfähigen Sorte (Amager) recht überzeugend. Die anatomische Untersuchung des Verlaufes des Befalles ergab nachstehende Ergebnisse.

Abbildung 8 bringt die Stelle der Infektionsübertragung auf ein Blatt der Kohlsorte Nr. 1 am zweiten Tage nach dem Befall. Man erkennt eine vollständige Deformation des Gewebes rings um die Infektionsstelle, die Zellen haben ihren Inhalt verloren, sie sind zusammengedrückt und sind dunkler geworden. Der Einfluß des Toxins hat sich von der Stelle des Eindringens der Hyphen über eine weite Entfernung ausgebreitet.

Abbildung 9 bringt das anatomische Bild des Befalls am fünfzehnten Tage nach der Infektion (die gleiche Sorte Nr. 1). Gewählt wurde ein Grenzstück des befallenen Gewebes. Der auf der Abbildung dargestellte Blattabschnitt ist von den Pilzhyphen noch nicht erreicht worden, doch erstreckt sich die Einwirkung des vom Myzel ausgeschiedenen Toxins über eine große Entfernung von den durch Hyphen infizierten Zellen. Die Zellen sind abgetötet, eine starke Mazeration des Gewebes und eine Zerstörung der Zellhüllen sind erkennbar. Deutlich ist der Zerfall des Protoplasmas wahrnehmbar.

Weiterhin beginnt das wachsende Myzel diejenigen Teile des Gewebes einzunehmen, die durch das Toxin abgetötet worden waren. Die Hyphen breiten sich nicht nur durch die Interzellularräume aus, sondern wachsen auch durch die Zellwände hindurch.

Abbildung 10 bringt den Umriß eines gesunden und eines kranken Gewebes der Sorte Amager am fünfzehnten Tage nach Infektion. Das anatomische Bild des Befalls der widerstandsfähigen Sorte unterscheidet sich stark von dem soeben betrachteten Bild. Auf der Abbildung ist eine dichte Verflechtung des Myzels, neben diesem eine kleine Schicht von abgetöteten, deformierten Zellen zu sehen, weiterhin folgt vollkommen gesundes Gewebe.

Trotz Infektion erkranken Amager-Blätter sehr häufig überhaupt nicht. Abbildung 11 bringt einen Schnitt durch solch ein infiziertes, aber nicht erkranktes Blatt (der Schnitt ist an der Stelle der Infektionsübertragung gemacht). Man beobachtet ein stärkeres Wachsen der Zellen an der Einschnittstelle und eine kleine Schicht nekrotisierten Gewebes an der Blattoberfläche; der ganze übrige Teil rings um die Infektionsstelle blieb vollkommen gesund.

Überaus charakteristisch ist die bestimmt gerichtete Einstellung des Wachstums derjenigen Zellen, die sich in unmittelbarer Nachbarschaft mit dem infizierten Blatteil befinden; Richtung entgegen zur Infektion.

Ein analoges Bild fand Puschkinskaja bei Wurzelinfektion einer sich durch hohe Widerstandsfähigkeit auszeichnenden Zuckerrübe durch einen virulenten Mikrobenkomplex (Abbildung 12).

Arzichowskaja konnte niemals das Eindringen der Botrytishyphen in lebende Zellen feststellen: in allen Fällen ging unter der Toxinwirkung das Absterben der Zelle diesem Eindringen voran. Die verschiedene Geschwindigkeit des Absterbens des Gewebes einer widerstandsfähigen und einer nicht standhaften Sorte hat somit seine Ursache in einer verschiedenen Geschwindigkeit des Eindringens des Toxins in die Zellen.

Abb. 8
Anatomisches Bild des Gewebes der Kohlsorte Nr. 1 am zweiten Tage nach Infektion durch Botrytis cinerea

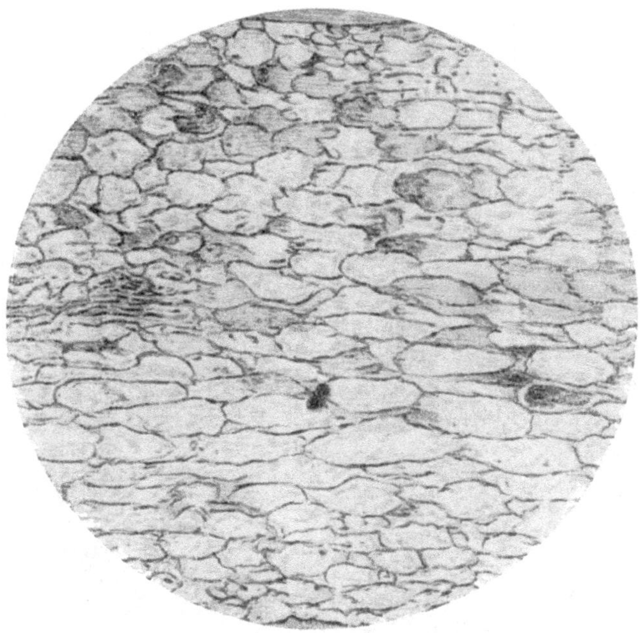

Abb. 9
Anatomisches Bild des Gewebes der Kohlsorte Nr. 1 am fünfzehnten Tage nach Infektion durch Botrytis cinerea

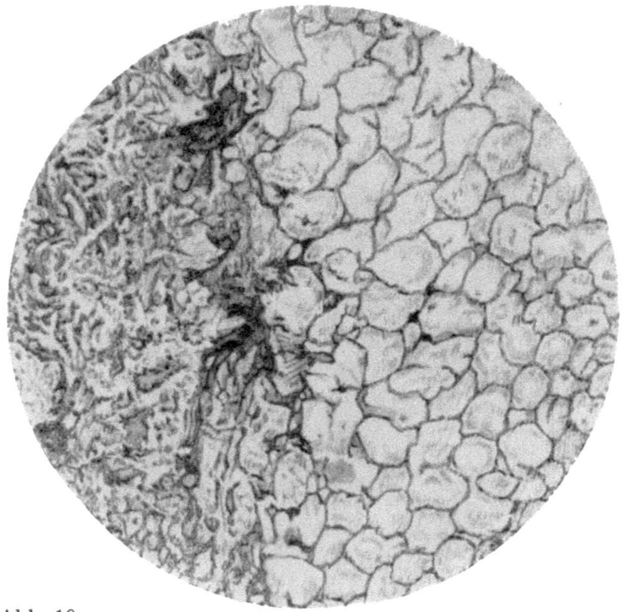

Abb. 10
Anatomisches Bild des Gewebes der Kohlsorte Amager am fünfzehnten Tage nach Infektion durch Botrytis cinerea

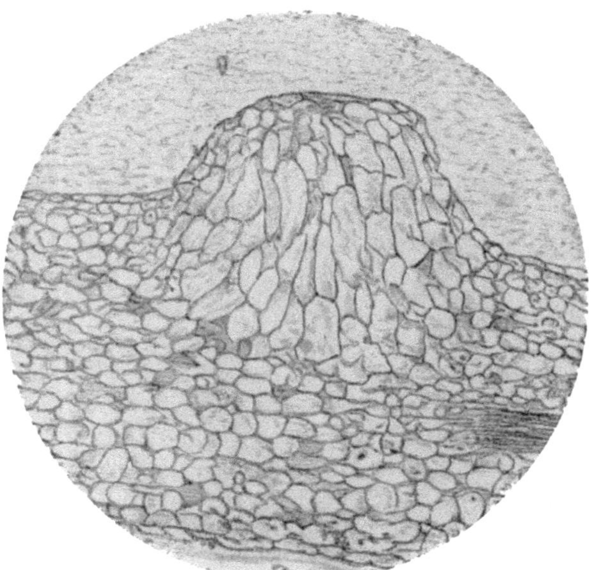

Abb. 11
Lokalisierung der Infektion in den Geweben der Kohlsorte Amager bei einer Infektion durch Botrytis cinerea

Der Widerstandsfähigkeit gegenüber Botrytis liegt bei Kohl die Widerstandsfähigkeit gegenüber dessen Toxin zugrunde.

Von entsprechender Art ist die Widerstandsfähigkeit von Tomatensorten gegenüber Fusarium lycopersici, die nach Angaben von HAYMAKER (1928) durch Einlegen einzelner Pflanzenteile in eine aus der Pilzkultur gewonnene Flüssigkeit bestimmt werden kann.

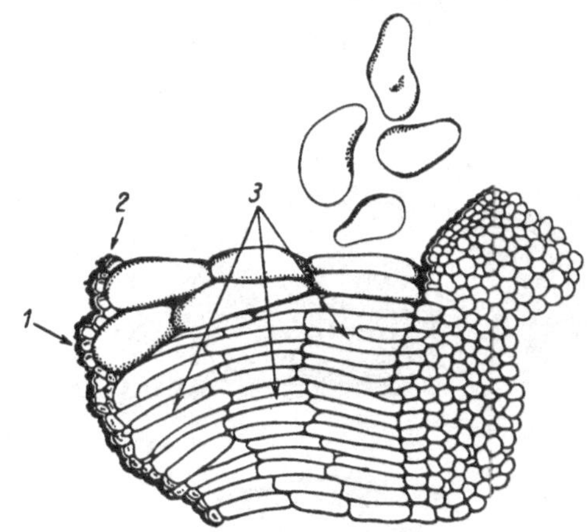

Abb. 12
Anatomisches Bild der Infektion einer hochwiderstandsfähigen Zuckerrübenwurzel durch einen virulenten Mikrobenkomplex (nach PUSCHKINSKAJA)

1. Die infizierende Masse; 2. Kutinisierte Schicht; 3. Die sich in der Richtung zur Infektionsstelle ausdehnenden Parenchymzellen.

Angaben hinsichtlich der Unterschiede der Reaktion bei Eindringen des pathogenen Mikroben Erysiphe polygoni in die Zellen von in der Widerstandsfähigkeit verschiedenartigen Kleesorten (Abbildung 13) wurden von SMITH (1938) veröffentlicht. Der Autor hebt hervor, daß bei widerstandsfähigen, als auch bei leicht empfänglichen Sorten das Bild des Befalles zu Beginn der Infektion das gleiche ist; Unterschiede treten erst nach dem Keimen der Sporen, der Bildung von Appressorien und dem Eindringen der Hyphen in die Epidermiszellen auf. Bei empfänglichen Sorten (Abbildung 13, A, B, C, D, E) bildet die Infektionshyphe nach Eindringen in die Zelle Haustorien mit dünnem Halse und einer bauchähnlichen Erweiterung am Ende. Die Haustorien erfüllen auch die Funktionen eines Ernährungsorganes der Myzelien. Sie sind von einer dünnen Hülle umgeben, die eine gewisse Menge eines dunkel gefärbten, bisweilen granulierten Stoffes enthält. Somit haben wir hier gewissermaßen ein recht friedliches, symbiotisches Zusammenleben eines pathogenen Organismus mit einer höheren Pflanze, das sein Ende in der Erschöpfung der Zellen des Wirtes findet.

Ein ganz anderes Bild wird bei einer Infektion des Gewebes einer widerstandsfähigen Kleesorte beobachtet (Abbildung 13, F, G, H, I). Infolge des Antagonismus zwischen Pilz und Wirt ist die in die Epidermiszelle eingedrungene Infektionshyphe nicht in der Lage, vollwertige Haustorien in ihr zu entwickeln. Sogleich aber nach Eindringen der Hyphe in die Zelle beginnt der Inhalt letzterer dunkler zu werden. Eine Nekrose erfaßt sehr schnell die ganze Zelle, die zusammen mit der Hyphe eingeht.

Es muß besonders hervorgehoben werden, daß sich der Zellkern bei beiden Pflanzentypen sogleich nach Eindringen der Haustorien diesen zuwendet. In einigen Fällen beschränkt sich der Verlauf nicht auf eine Zersetzung der

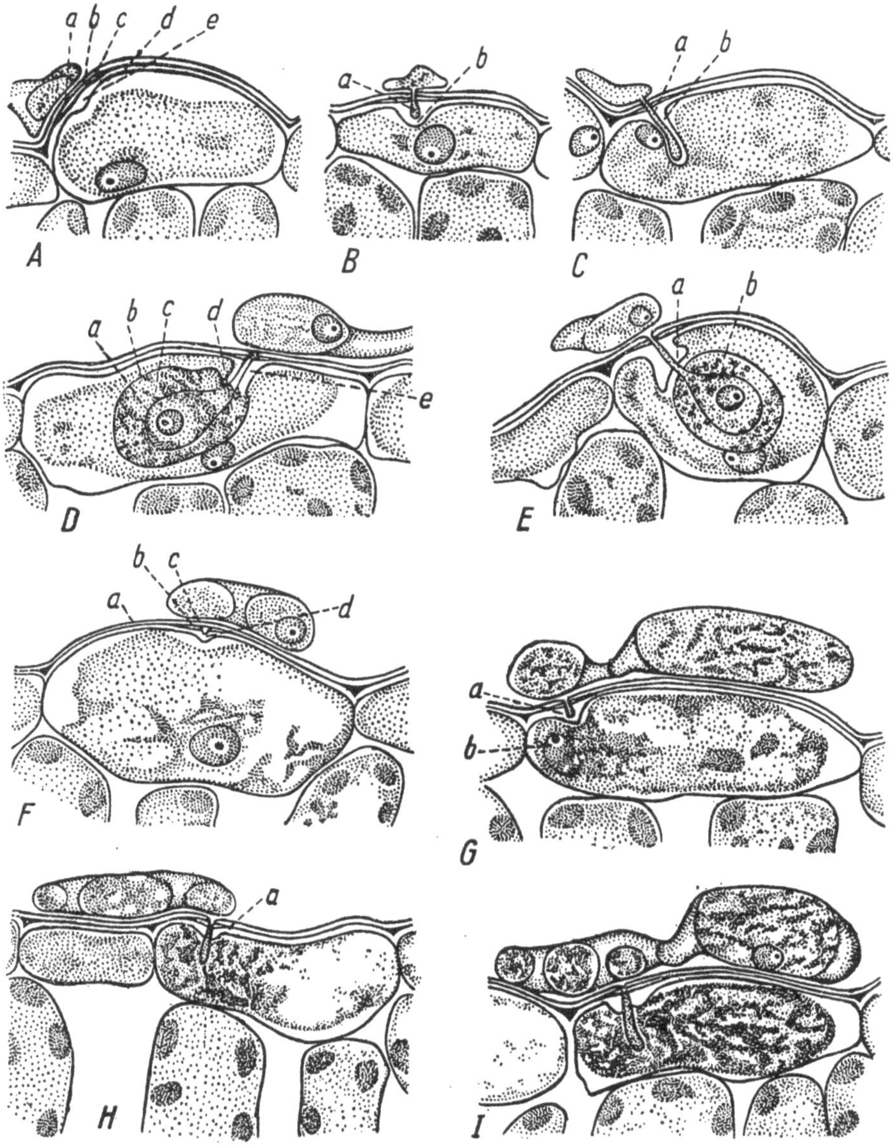

Abb. 13.
Die Reaktion der Kleezellen bei Eindringen der Hyphen von Erysiphe polygoni (nach SMITH)

unmittelbar infizierten Zellen, sondern erfaßt gleichfalls auch eine gewisse Anzahl von Zellen in den benachbarten Reihen.

Das oben beschriebene Verhalten einer Wirtspflanze einer widerstandsfähigen Sorte veranschaulicht eines der klaren Beispiele von sich auf einer sogenannten Überempfindlichkeit gründenden Widerstandsfähigkeit, die gewöhnlich nur für Pflanzenarten, die im höchsten Grade widerstandsfähig sind, charakteristisch ist.

Köhler (1931)[1] führt als Beispiel für eine solche Widerstandsfähigkeit einige Kartoffelsorten an, deren Zellen, dank einer außerordentlichen Empfindlichkeit gegenüber dem Pilz Synchytrium endobionticum einige Stunden nach Eindringen des Pilzes soweit zusammenfallen, daß eine weitere Hyphenausbreitung unmöglich ist. Dieser Zustand einer „strengen Isolierung“ liegt der Widerstandsfähigkeit einer Reihe von Pflanzen zugrunde. Wingard (1933) schreibt hinsichtlich des Mechanismus der Widerstandsfähigkeit der Bohnen gegenüber Rost, daß diese Eigenschaft am besten durch die Überempfindlichkeit der Wirtszellen erklärt werden kann. Eine unmittelbare Zerstörung der Zellen des Wirtes führt zum Tode des Parasiten, da der Rostpilz ein obligater Parasit ist und auf toten Geweben nicht leben kann. Ein Mangel an Anpassungsfähigkeit beim Parasiten spielt in diesem Sinne die gleiche Rolle, wie die Widerstandsfähigkeit des Wirtes. Analoge Beschreibungen können in den von uns erwähnten zytologischen Untersuchungen von Allen und Rice gefunden werden.

Es ist wichtig, im Auge zu behalten, daß die Überempfindlichkeit, als höchste Form der Äußerung der Widerstandsfähigkeit, eine spezifische Eigenschaft darstellt, die in einer immunen Pflanze nur hinsichtlich einer bestimmten Art eines obligaten Parasiten hervortritt. Im Falle der Wechselwirkung des Wirtes mit irgendeiner anderen Parasitenart können Überempfindlichkeitserscheinungen ganz fehlen. Gerade durch das Spezifische dieser Reaktion erklären sich auch die aus der Praxis bekannten Tatsachen, daß Sorten irgendeiner hinsichtlich eines Erregers widerstandsfähigen Pflanze von einem anderen Erreger mit Leichtigkeit befallen werden. Beispielsweise verfügen Kartoffelsorten, die gegenüber Phytophthora widerstandsfähig sind, in der Regel nicht über eine Immunität gegenüber Kartoffelkrebs.

Im Gegensatz zu obligaten Parasiten rufen fakultative Formen ein schnelles Absterben desjenigen Gewebes hervor, in das sie eindrangen. Der Pilz wächst somit im toten Substrat. Folglich üben wahre Parasiten eine bedeutend mildere Wirkung auf die Gewebe der Wirtspflanze aus, als fakultative Parasiten. Ein überzeugendes Beispiel eines derartigen Charakters der Einwirkung eines obligaten Parasiten auf die Pflanze wird in der Arbeit von Kurssanow und Medwedjewa (1938) gebracht. Durch eingehende Untersuchung des Bildes der Wechselwirkung von Chrysomyxa pirolae mit der Wirtspflanze Pirola rotundifolia kamen die Autoren zur Schlußfolgerung, daß der Parasitismus von Chrysomyxa pirolae in zwei Stadien verläuft. Im ersten Stadium tragen die Beziehungen zwischen

[1] Wir zitieren nach Roemer (1938).

Wirt und Parasit einen fast symbiotischen Charakter, während der Parasitismus erst hervortritt, wenn die vegetative Periode des Pilzdaseins zu Ende geht und die Pflanze im Augenblick der Beendigung der Sporenbildung eingeht.

In dieser Tatsache muß auch ein Beweis für einen hohen Grad der Anpassungsfähigkeit der Partner, die vorher erwähnt wurden, erblickt werden, insofern ein vorzeitiges Absterben des Pflanzengewebes das Eingehen des Parasiten bedeuten würde. Gerade dieses ist auch ein recht charakteristischer Zug der Reaktion seitens widerstandsfähiger Formen der Pflanzen auf eine Infektion hin was es ermöglicht, die Immunitätsdefinition, als einer „Äußerung des Hungertodes des Parasiten", als zu Recht bestehend anzuerkennen.

Für diese Art von Anpassungsfähigkeit kann auch die Tatsache dienen, daß obligate Parasiten sich vorwiegend der kräftigsten Pflanzenexemplare zunutze machen, während geschwächte Exemplare hauptsächlich dem Befall der Halbparasiten unterliegen.

Somit ist die schnelle und intensive Reaktion einer Zelle auf das Eindringen eines Fremdkörpers hin, eine recht charakteristische Äußerung der Widerstandsfähigkeit bei einer ganzen Reihe von Infektionsfällen.

Diese Reaktion drückt sich auf die eine oder andere Art aus, wobei die Änderung der Temperatur der infizierten Pflanze als eine der charakteristischsten Äußerungen der Reaktion dienen kann. Hinweise auf eine Temperatursteigerung innerhalb des pflanzlichen Organismus bei Erkrankung wurden von Pavarino (1914) und nachher von Eglits (1933), dessen Arbeit von uns schon teilweise zitiert wurde, erhalten.

Durch Konstruktion spezieller Thermoelemente, die eine Messung der Temperatur an verschiedenen Punkten ein und derselben Pflanze vorzunehmen ermöglichten, zeigte Eglits, daß Kartoffelknollen auf eine Infektion von Bacillus phytophthorus durch Erhöhung der Temperatur und der Atmungsintensität reagieren. Am ausgeprägtesten ist dieser Effekt in unmittelbarer Nähe der Infektionsstelle.

Die Reaktionsdauer beträgt gewöhnlich 7 bis 10 Tage, wonach die Atmung „zur Norm" zurückkehrt, obwohl die Krankheit der Knolle sich weiterhin ausbreitet und immer neue Gewebeabschnitte erfaßt. Eine wiederholte Infektion desselben Objektes, die eine gewisse Zeit nach der ersten Infektion vorgenommen wurde, rief wiederum dieselbe Reaktion hervor, wobei jedoch bedeutend niedrigere Temperaturwerte gemessen wurden.

Eine Steigerung der Temperatur und der Atmungsintensität ist nur für lebende Zellen charakteristisch und entspricht einer effektiven Äußerung der Reaktion des Pflanzenorganismus, die als Gegenwirkung auf eine Infektion auftritt. Für diese Verhältnisse sprechen auch Beobachtungen desselben Autors, nach denen Infektion von vorher durch Narkose abgetöteten Knollen durch Bacillus phytophthorus keinerlei Temperatursteigerung hervorrief.

Es können viele Tatsachen angeführt werden, die darauf hinweisen, daß die Widerstandsfähigkeit gegenüber einem pathogenen Mikroorganismus im besonderen als Gegenwirkung derjenigen Pflanze auftritt, die sich im Zustande aktiver Lebenstätigkeit befindet.

In den Versuchen von NOBÉCOURT (1928) wurden beispielsweise steril ausgeschnittene Stückchen aus der Zwiebel der Orchidee Loroglosum hircinum in Schalen mit einer Orhéomyces hircini Pilzkultur, in einer gewissen Entfernung von dieser, eingelegt. Eine derartige nahe Lagerung rief in der Zwiebel eine aktive antagonistische Reaktion hervor, deren Ergebnis die Bildung von für den Pilz toxischen Stoffen war. Letztere diffundierten in die Gelatine, so daß die Hyphen des Parasiten sich den Zwiebelstücken nicht mehr als 3 bis 4 cm näherten. Gleichzeitig zeigte sich in Versuchen mit Stücken derselben, jedoch vorher durch Narkose abgetöteten Zwiebel, keinerlei Einwirkung auf das Pilzwachstum (der Pilz erreichte die Zwiebel und wucherte auf ihr). Somit haben wir es auch in diesem Falle nicht mit vorher in der Pflanze vorhandenen Stoffen zu tun, sondern mit Produkten, die als Gegenwirkung auf die Infektion hin entstehen.

GÄUMANN (1946) führt in einer kürzlich veröffentlichten Arbeit eine eingehende Klassifizierung verschiedener Arten von Schutzreaktionen des Pflanzenorganismus an. Nach diesem Schema werden nachstehende Schutzreaktionen unterschieden: a) nach dem Objekt gegen welches sie gerichtet sind; b) nach dem Entwicklungsgang der infizierten Wirtspflanze; c) nach der Intensität der Reaktion selbst.

Je nach Einstellung der Schutzreaktionen können sie ihrerseits unterteilt werden: a) in Anti-Infektionsreaktionen, die unmittelbar gegen den Parasiten selbst gerichtet sind und b) in Antitoxinreaktionen, die auf eine Schwächung der toxischen Wirkung und auf eine Unschädlichmachung der Produkte des Stoffwechsels des Parasiten gerichtet sind.

GÄUMANN trennt in dieser Reaktionsgruppe noch den Typus der induzierten Empfindlichkeit ab. In diesen Fällen ist die Reaktion des Wirts weder gegen den Parasiten, noch gegen seine Ausscheidungen gerichtet, sondern zieht vor allem eine Empfindlichkeitssenkung der Pflanze selbst gegenüber dem pathogenen Mikroorganismus nach sich.

Der Unterteilung der Schutzreaktionen nach dem Grade ihrer Intensität legt GÄUMANN die Wechselwirkung zwischen der Ursache und dem von ihr verursachten Effekt zugrunde. Bei Wahrung einer bestimmten Proportionalität zwischen Ursache und Folge, kann der vom Verfasser als eusymbiontisch benannte Reaktionstyp, der Konflikt zwischen Wirt und Parasit, als eine gewisse Art parasitischer Zusammenarbeit angesehen werden, die zu langwierigen Erkrankungen führt.

Am entgegengesetzten Ende stehen die Reaktionen des parabiontischen Typus, im Fall das Verhältnis zwischen Ursache und Folge nicht proportional verläuft. Die Reaktion zwischen den Partnern verläuft hier recht stürmisch, wobei bereits einige Stunden nach Auftreten der Infektion in der Regel Nekrose und ein Eingehen sowohl derjenigen Gewebeabschnitte sichtbar wird, die von der Infektion erfaßt sind, als auch der nahegelegenen Zellen, die von der Infektion nicht betroffen wurden. Gerade hierauf beziehen sich alle Fälle der induzierten Schutzreaktionen und der Überempfindlichkeit der Gewebe des Wirtes, die der Bildung verschiedenartiger Trennungsschichten zugrunde liegt, die mit Stoffen durchtränkt sind, deren Ausscheidung durch Gewebe des Wirtes nur als Folge einer Infektion erfolgt.

Die allen gut bekannte Gallenbildung, die Ausscheidung von harzartigen und anderen Stoffen usw., muß zur Zahl der Äußerungen der Schutzreaktionen der Pflanzen gezählt werden. Alle diese Reaktionen spiegeln größte Änderungen im Chemismus der Pflanzen wider, insofern, als beim Fehlen einer Infektion die Bildung derartiger Verbindungen in der Regel für die Pflanze nicht charakteristisch ist.

Nagy, Riker und Peterson (1938) untersuchten die Zusammensetzung von Gallen einer ganzen Reihe von Pflanzen. Es wurde festgestellt, daß der Gehalt an physiologisch aktiven Stoffen, vor allem an Fermenten des Oxydationskomplexes — der Oxydase, Peroxydase und der Katalase —, in diesen Bildungen stark erhöht ist (man hat es mit Überschreitungen im Vergleich zum normalen Gewebe von 120 bis 160% zu tun). In einigen Fällen (Gallen der Tomaten) wurde die Bildung des Fermentes Tyrosinase festgestellt, das in aus normalen Stengeln erhaltenen Extrakten fehlt.

Wir verfügen gegenwärtig auch über direkte experimentelle Hinweise auf ernste im Stoffwechsel des Pflanzengewebes durch Toxine der Parasiten hervorgerufene Störungen.

Arzichowskaja (a. a. O.) infiltrierte Toxin von Botrytis cinerea in das lebende Gewebe von Kohlblättern. Hierbei wurde festgestellt, daß als Gegenwirkung in der Pflanze die hydrolytische Reaktion der Invertase etwas ansteigt und die synthetisierende Eigenschaft des Fermentes fällt (Versuche in vivo).

Im Ergebnis fiel bei einer widerstandsfähigen Sorte die Verhältniszahl $\frac{\text{Synthese}}{\text{Hydrolyse}}$ bis zu 30% der Kontrollgruppe und bei einer nicht standhaften Sorte bis zu 14%. Bei Verwendung einer etwas konzentrierteren Toxinlösung wurde die Wirkung der Invertase vollkommen paralysiert.

Bei Infiltration des Toxins stieg die Aktivität der Peroxydase in den ersten Stunden an, wobei bei einer widerstandsfähigen Sorte der Anstieg beträchtlich war (von 30 bis 200%), dagegen weniger ausgeprägt bei einer nicht standhaften Sorte.

Die aufgezählten Tatsachen zeigen, daß in einer sehr großen Anzahl von Kombinationen Pflanze — Parasit die Widerstandsfähigkeit der Pflanze nur als Ergebnis eines aktiven physiologischen Prozesses, der erst durch die Tatsache des Eindringens des pathogenen Mikroben in die Wirtszelle hervorgerufen wird, in Erscheinung tritt.

Diejenigen Stoffe oder Eigenschaften, welche die Widerstandsfähigkeit bedingen, brauchen in den Pflanzen keineswegs vorher vorzuliegen. In einer sehr großen Anzahl von Fällen erscheinen diese Eigenschaften in einer widerstandsfähigen Pflanze nur als Gegenwirkung auf eine Infektion hin und entstehen nicht oder treten in Geweben nicht standhafter Pflanzen kaum in Erscheinung.

Somit können Unterschiede im Widerstandsfähigkeitsgrad sich in systematischer Hinsicht nahestehender Pflanzen (Arten, Sorten) durch ihre verschiedene Reaktion gegenüber einer Infektion bedingt sein.

Die wichtige Rolle der Fermente als Wirkstoffe der lebenden Zelle, mit denen viele biologisch und wirtschaftlich wichtigen Eigenschaften der Pflanze zusammenhängen, wird durch enzymologische Untersuchungen der letzten Jahre immer mehr unterstrichen. Zwangsläufig muß daher angenommen werden, daß auch die Widerstandsfähigkeit der Pflanze gegenüber phytopathogenen Mikroorganismen ebenfalls mit den Eigenarten ihres fermentativen Apparates zusammenhängt.

Der Darlegung der Ergebnisse der in dieser Richtung durchgeführten Arbeiten ist der nächstfolgende Abschnitt gewidmet.

Abschnitt V

Die Rolle der Fermente bei den wechselseitigen Beziehungen zwischen Wirt und Parasit

Das Problem der Rolle der Fermente innerhalb der gegenseitigen Beziehungen von Wirtspflanze und Parasit ist experimentell noch recht ungenügend bearbeitet worden. Systematische planmäßige Untersuchungen fehlen auf diesem Gebiet vollkommen. Es gibt nur einzelne zusammenhanglose Versuche und statistische Analysen. Untersuchungen am lebenden Objekt über die Tätigkeit der Fermente der lebenden Zelle, die bei allen gegenwärtigen biologischen Untersuchungen eine weite Verbreitung gefunden haben, wurden hier in ungenügendem Maße angewandt.

Die Hauptaufmerksamkeit der Autoren, die sich mit der Untersuchung der Rolle der Fermente der Wirtspflanze bei Erscheinungen der Widerstandsfähigkeit befaßten, konzentrierte sich vor allem auf die Peroxydase. In der Frage nach der Rolle und Bedeutung dieses Fermentes für die Widerstandsfähigkeit der Pflanze, wie auch über die Oxydationsprozesse als Ganzes, sind zwei einander entgegengesetzte Gesichtspunkte bekannt geworden. Nach einer dieser Auffassungen üben die in der Pflanze verlaufenden Oxydations- und Reduktionsprozesse eine negative Wirkung auf die Widerstandsfähigkeit derselben aus. Viele Autoren halten diese Lage für einen apriori vorliegenden Zustand, indem sie von den Auffassungen von COMES über den positiven Wert der in den Pflanzen vorliegenden Säuren für die Widerstandsfähigkeit derselben ausgehen, wie auch von Ergebnissen zahlreicher Untersuchungen, durch die eine negative Korrelation zwischen dem Gehalt an organischen Säuren in Pflanzengeweben und der Aktivität ihrer Oxydasen festgestellt wird. Abgesehen davon traten auch andere Erwägungen in den Vordergrund. Im besonderen sahen BUNZEL (1913), POZZI-ESCOT (1905) und andere die schädliche Wirkung einer erhöhten Aktivität der Oxydasen in einer allzu energischen Verbrennung des Atmungsmaterials durch die Blätter und folglich in einer schneller einsetzenden Erschöpfung derselben. Von einer Reihe Autoren wurde der Störung des Gleichgewichtes zwischen den Enzymen große Bedeutung zugeschrieben. Diese Störungen findet man öfters bei Pflanzen mit einer erhöhten Aktivität der Oxydasen usw. Für die Auffassung über eine negative Rolle des Oxydationssystems der Pflanze sprachen Arbeiten von SUCHORUKOW (1930—1938). SUCHORUKOW nimmt als Begründung dieses Gesichtspunktes an, daß die Peroxydase an solchen Prozessen beteiligt ist, durch welche oxydierende Nekrosen in den Geweben aktiviert werden und die Ursache des Absterbens einzelner Abschnitte des Gewebes und späterhin auch des völligen Eingehens der Pflanze sind (SUCHORUKOW, 1937).

Indem wir hier nicht bei der Frage nach der experimentellen Bestätigung einer derartigen Auffassung stehen bleiben wollen, soll nur hervorgehoben werden, daß sie im wesentlichen einer der Darstellungen der sogenannten chemotropen Immunitätstheorie entspricht. Auch in diesem Fall stoßen wir auf Versuche, einen so komplizierten biologischen Vorgang wie die Widerstandsfähigkeit der Pflanze, mit dem Aktivitätsmerkmal eines der Komponenten des Fermentsystems zu verbinden. Als Beispiel für eine derartige Betrachtung des komplizierten Problems der Widerstandsfähigkeit können die kürzlich von NILOWA und Mitarbeitern (1948) veröffentlichten Arbeiten dienen, in denen der Versuch gemacht wird, die Natur der Immunität des Weizens gegenüber Rost auf Grund einzelner biochemischer Merkmale, die in Geweben nicht befallener Weizenkeime festgestellt wurden, zu erklären. Es ist auch erforderlich, hervorzuheben, daß die Schlußfolgerungen der Arbeiten, welche die Rolle der Oxydationsprozesse negativ bewerten, nicht selten auf Ergebnissen einer Gegenüberstellung der Aktivität der Fermente in den Geweben einer gesunden und kranken Pflanze beruhten. Hierbei wurde eine kranke Pflanze einer nicht standhaften gleichgestellt und eine schon erkrankte einer, die befähigt ist, zu erkranken.

Die Möglichkeit einer derartigen Gegenüberstellung wird folgendermaßen begründet:

„Der Zustand der kranken Pflanze begünstigt die Entwicklung des Parasiten im Organismus. Der Verlauf der Infektionsprozesse (Unterdrückung oder Aktivierung) spiegelt den Verlauf der Prozesse bei nicht immunen Organismen wider. Beispielsweise wird bei Befall mit Botrytis eine starke Atmung beobachtet, aber auch die Periode der maximalen Empfänglichkeit gegenüber Botrytis fällt ebenfalls mit einer starken Atmungserhöhung und Erschöpfung des Organismus zusammen . . .“.

Und weiterhin: „. . . Das Studium der Physiologie der kranken Pflanze gibt häufig einen Hinweis zur Erkennung des Wesens der Immunität.“

Falls wir eine derartige Betrachtungsweise annehmen, sind wir unweigerlich gezwungen, diejenige neue Eigenschaft zu übersehen, die in der kranken Pflanze als Folge einer antagonistischen Reaktion zwischen dem Protoplasma der Wirtszellen und dem in die Gewebe des Wirtes eingedrungenen Parasiten auftritt. Eine der charakteristischsten Änderungen, die bei einer derartigen Wechselwirkung gefunden wird, ist sehr häufig die Aktivitätsverstärkung der Peroxydase, die gerade das Ergebnis einer antagonistischen Reaktion ist. Ähnliche Resultate wurden in Arbeiten vieler Forscher, darunter auch von RICHTER, SUCHORUKOW und ihren Mitarbeitern: OWTSCHAROWA, GRETSCHUSCHNIKOWA und anderen erhalten. Eine analoge Pflanzenreaktion erwähnten MALTSCHENKO-DJAKONOWA (1936), SALESSKI und WASSJUTA (1933) und SKWORTZOW (1937). Es ist wichtig zu unterstreichen, daß, wie es Arbeiten von ARZICHOWSKAJA zeigten, bei widerstandsfähigen Sorten ein energischeres Anwachsen der Aktivität der Peroxydase bei Infektion bemerkt wird, im Zusammenhang, womit eine direkte Gegenüberstellung der Aktivität oxydierender Fermente bei gesunden und kranken Pflanzen kaum zu irgendwelchen zuverlässigen Schlußfolgerungen führen kann.

Entsprechende Einwendungen können auch gegen eine ganze Reihe von Arbeiten vorgebracht werden, in denen ein reziproker Zusammenhang zwischen der Peroxydase und der Widerstandsfähigkeit nicht auf Grund von experimentellen Daten, sondern vielmehr von formellen und dabei keineswegs unbestreitbaren Erwägungen heraus gefordert wird.

Betrachtungen, die den in den Geweben der Wirtspflanze verlaufenden Oxydationsprozessen eine wichtige positive Rolle zuschreiben, stehen in völligem Gegensatz zur vorher behandelten Auffassung.

Das Akademiemitglied A. N. BACH ist der Begründer der Lehre von der schützenden Rolle der Oxydationsprozesse, und in erster Linie der Prozesse des Gasaustausches beim Atmen. Die von A. N. BACH geschaffene Theorie vom Mechanismus einer langsamen biologischen Oxydation wurde nicht nur zur Grundlage der Auffassungen über den Chemismus der Atmung, sondern diente auch als Eckpfeiler bei der Entwicklung der Auffassungen über die Rolle der Oxydationsfermente bei der normalen Lebenstätigkeit des tierischen und des pflanzlichen Organismus.

A. N. BACH bewertete folgenderweise die Bedeutung der von ihm entwickelten Begriffe: „Solange die Auffassungen über den Chemismus der Prozesse einer langsamen Verbrennung nicht der Wirklichkeit entsprachen, mußten kompliziertere Atmungsprozesse uns völlig unerklärlich erscheinen und in ihrem wesentlichen Teil die Grenzen der uns bekannten Gesetze der Chemie und Physik überschreiten. Hier liegt der Grund für eine ganze Reihe von vitalistischen Erklärungen der Atmungsprozesse. Sobald aber die chemische Grundlage der langsamen Verbrennung aufgedeckt war, wurde das Gebiet der biologischen langsamen Verbrennung, das Gebiet der Atmung, sofort von völliger Klarheit erfüllt. Die von BACH ausgearbeitete und ganz von Anfang an entwickelte Theorie der langsamen Verbrennung erwies sich in ihren physiologischen Folgerungen nicht nur als anwendbar auf dem Gebiete der Atmung, sondern gab auch die Erklärung für eine ganze Reihe von physiologischen Beobachtungen, die außerhalb dieser Theorie als unerklärlich erschienen („Sammlung ausgewählter Arbeiten", Seite 695, 1937).

Das Problem der Biologie der oxydierenden Fermente bearbeitend zeigte A. N. BACH auch ein ständiges lebhaftes Interesse für das komplizierte Gebiet von Äußerungen, welche die Wechselbeziehungen zwischen höheren und niederen Organismen charakterisieren. Bereits im Jahre 1912 untersucht A. N. BACH in seiner Arbeit „Der Chemismus der Atmungsprozesse" eingehend die Frage nach einer möglichen Beteiligung der Oxydasen an Schutzreaktionen des Organismus. A. N. BACH schenkte hierbei denjenigen Beobachtungen eine besondere Bedeutung, nach denen Toxine einer ganzen Reihe von Mikroorganismen durch Oxydasen tierischer und pflanzlicher Herkunft zerstört werden können. Dieser Funktion der Oxydasen, die mit einer Aktivierung des Gasstoffwechsels der

Atmung zusammenhängt, wies A. N. BACH eine ausschließliche, entscheidende Rolle bei Immunitätserscheinungen, sowohl des tierischen wie auch des pflanzlichen Organismus zu.

A. N. BACH unterstrich zugleich die spezifische Bedeutung der Oxydasen für Schutzreaktionen bei Pflanzen, insofern diese Fermentgruppe an denjenigen Prozessen aktiv teilnimmt, die mit dem Wiederaufbau der verletzten Hüllgewebe des Organismus zusammenhängen.

Nachdem SZENT-GYORGYI und VIETORISZ (1931) experimentell festgestellt hatten, daß beim Zerreiben eine Kartoffelknolle die Aktivität ihrer Polyoxydasen wenigstens um das Fünfzehnfache ansteigt, äußerten sie die Vermutung, daß diese Fermente beim Atmungsprozeß eines lebenden, unbeschädigten Gewebes nicht gebraucht werden, oder infolge einer wahrscheinlich räumlichen Isolierung vom Substrat, recht unvollkommen ausgenutzt werden (Dioxyphenole und ihre Derivate).

Die Autoren neigen zur Schlußfolgerung, daß die Funktionen der Polyphenoloxydasen keineswegs mit der Atmung des Gewebes zusammenhängen und daß diese Fermente in der Pflanze zur Unterhaltung der Reaktionen der natürlichen Immunität verwendet werden.

Die Schutzwirkung des Systems der Polyphenoloxydasen und der Polyphenole, die bei Verletzungen verschiedener Art in Erscheinung tritt, kann nach SZENT-GYORGYI in den baktericiden Eigenschaften der Chinone, die sich bei Oxydation von Phenolen bilden, als auch in einer „Gerbung" der Eiweißstoffe des Gewebes begründet sein, die in einem solchen Zustande für eine Infektion und für eine Nutzung durch Mikroorganismen unzugänglich werden.

In letzter Zeit kamen BANGA und PHILIPPOT (1939) zu dieser Frage zurück, indem sie die gegebene Auffassung durch einige neue Tatsachen unterstützten.

Beobachtungen von MONTEMARTINI (1927) und vor allem von CARBONE und ARNAUDI (1937) stimmen mit den gebrachten Auffassungen über die Rolle der Polyphenoloxydasen überein, welche die äußeren Merkmale der Infektion einiger pflanzlicher Objekte betreffen. Diese Autoren stellten fest, daß Pilzerkrankungen der Pflanzen von der Bildung brauner Flecke begleitet sind, die in konzentrischen Ringen verschieden starker Färbung um die Infektionsstelle herum auftreten. Diese rotbraune Zone grenzt gleichsam den erkrankten Gewebeteil vom gesunden Teil ab, wobei die entsprechende schützende Linie, im Fall einer weiteren Infektionsausbreitung, wie durchbrochen erscheint.

Außerdem findet man in der Literatur Hinweise, daß die leichte Oxydierbarkeit der Phenole Bedingungen eines Sauerstoffhungers für die in die Pflanze eingedrungenen Hyphen der Parasiten liefern.

Im Zusammenhang damit ist es interessant, sich der Angaben von KARGOPOLOWA (zitiert in Abschnitt II) zu erinnern, wonach die qualitative Zusammensetzung der sich bildenden Phenole, und zwar ihre Oxydationsfähigkeit für den Grad der Widerstandsfähigkeit des Weizens außerordentlich wichtig ist.

SSTROGANOW (1940) wies auf die Rolle der Phenole hin, die sich in den Geweben der Baumwollstaude bei Befall mit Verticillium bilden. Beobachtungen der letzten

Jahre erlauben es jedoch zu folgern, daß die Prozesse der Phenoloxydation nicht nur mit Äußerungen einer passiven Widerstandsfähigkeit, die auf chemotropen Eigenschaften der Chinone beruhen, sondern auch mit Äußerungen einer aktiven physiologischen Widerstandsfähigkeit der Pflanzen zusammenhängen. In diesem Sinne beansprucht der Zusammenhang der Bildungsprozesse der Phenole und ihrer oxydativen Umwandlungen mit den schon vorher erwähnten Äußerungen einer sogenannten Überempfindlichkeit der Pflanzen, die jetzt als eine der Grundlagen des Nichtbefalles bei einer ganzen Reihe von Infektionsfällen angesehen wird, größtes Interesse. Als Beispiele, welche die Rolle der Prozesse der Phenoloxydation veranschaulichen, kann man auf Arbeitsergebnisse einer ganzen Reihe von Forschern hinweisen, welche die zytophysiologische Seite der Erscheinungen der Widerstandsfähigkeit der Kartoffel gegenüber Phytophthora infestans untersuchten (MÜLLER, 1931; MEYER, 1940 und andere).

Indem die Autoren dieser Arbeiten eine große und mannigfaltige Menge an widerstandsfähigen und nicht standhaften Kartoffelsorten in ihren gegenseitigen Beziehungen zum angeführten Parasiten untersuchten, kamen sie zum Resultat, daß die Unterdrückung des Pilzwachstums in Knollen widerstandsfähiger Sorten mit oxydativen Umwandlungen der Phenole zusammenhängt. Auch in diesen Untersuchungen zeigte sich die entscheidende Bedeutung der Geschwindigkeit der Reaktion der Knolle gegenüber einer Infektion.

Im besonderen unterstreicht MEYER, daß für befallene Sorten eine äußerst langsame Entfaltung der Reaktion charakteristisch ist, da sogar am dritten Tage nach der Infektion nur unbedeutende Veränderungen der Zellmembrane beobachtet werden. Je nach der Krankheitsentwicklung gesellen sich späterhin zu dieser ursprünglichen Wirkung sekundäre Veränderungen hinzu: Vergrößerung der Ausmaße des Kerns, Korrosion der Stärkekörner und schließlich Veränderungen des Protoplasmas, die sich im Verlust der Plasmolysefähigkeit der Zelle äußern. Man muß besonders unterstreichen, daß bei Parenchymzellen nicht standhafter Sorten diese Fähigkeit auch nach Ausbildung eines inneren Kontaktes zwischen ihnen und dem Parasiten im Laufe langer Zeit bestehen bleibt. Im Endergebnis bilden sich in der Zelle dunkelgefärbte Stoffe, mit denen der ganze Zellinhalt, einschließlich der Hülle, durchdrungen wird. Die Gesamtheit dieser Veränderungen vollzieht sich im Laufe von 5 bis 7 Tagen bei 19°, während die Endphase der Wechselwirkung mit dem Parasiten in Knollen widerstandsfähiger Sorten im Verlaufe von 36 bis 48 Stunden erreicht wird.

Infolge dieses so stürmischen Verlaufes der Reaktion bei resistenten Kartoffelsorten fallen einige Phasen der Wechselwirkung mit dem Parasiten aus, bei deren Realisierung die Zellen der Knollen nicht standhafter Sorten weiterhin am Leben bleiben. Infolge eines viel schnelleren Absterbens der Zellen bei widerstandsfähigen Sorten ist der Pilz hier nicht in der Lage, die Fruchtreife zu erreichen und stellt daher seine Entwicklung ein.

In langsam absterbenden Zellen empfänglicher Sorten gelingt es dem Pilz, eine bedeutende Menge von Amylase zu bilden. Außerdem wird in diesen Geweben die hydrolytische Wirksamkeit der wirtseigenen Amylase aktiviert, infolgedessen beobachtet man auch hier eine Zerstörung der Stärkekörner. Veränderungen ähnlicher Art kommen in der Regel in Geweben widerstandsfähiger Sorten nicht vor.

Außer diesen Unterschieden, die mit der Geschwindigkeit der Reaktion zusammenhängen, werden noch folgende wichtige Umstände hervorgehoben. Das histologische Studium des Befallbildes widerstandsfähiger und nicht standhafter Kartoffelsorten zeigte, daß bei widerstandsfähigen Sorten nicht nur unmittelbar infizierte Zellen eine Oxydationsreaktion der Gerbstoffe zeigen, sondern auch diejenigen Zellen, die in einem recht großen Abstand von ihnen liegen. Bei nicht standhaften Sorten ist dagegen die Reaktion unmittelbar durch diejenigen Zellen begrenzt, die von der Infektion erfaßt sind. Sie kann sich nur über eine dünne Zellschicht (1 bis 2 Reihen), die unmittelbar an sie angrenzt, erstrecken.

Dieses alles dient als Hinweis auf eine bedeutend höhere Empfänglichkeit der Zellen widerstandsfähiger Kartoffelsorten gegenüber irgendwelchen Produkten der Lebenstätigkeit des schmarotzenden Pilzes im Vergleich zu Geweben weniger resistenter oder leicht empfänglicher Sorten. Gerade hierdurch muß die verhältnismäßig weitgehendere Verbreitung der Reaktionssphäre auf eine Infektion hin bedingt sein. Im Ergebnis einer derartigen Überempfänglichkeit sind die Gewebe von widerstandsfähigen Kartoffelsorten auch befähigt, lange vor Ausbildung eines unmittelbaren Kontaktes mit dem Parasiten energisch Schutzstoffe zu bilden.

Nach Ansicht des Verfassers ist dieses die Ursache der Bildung von Trennungsschichten bei resistenten Kartoffelsorten, die gesundes Knollengewebe vom kranken trennen und aus Zellen bestehen, die an Oxydationsprodukten der Gerbstoffe gesättigt sind.

Ausgehend von den Ergebnissen unserer Untersuchungen, denen als Objekt Vertreter der sogenannten Peroxydase-Gruppe der Pflanzen dienten, und sich auf vorher zitierte Arbeiten stützend, war es natürlich anzunehmen, daß der verschiedene Charakter der Reaktion widerstandsfähiger und nicht standhafter Kartoffelsorten auf einen Befall durch Phytophthora durch die Geschwindigkeit oxydativer Umwandlungen, denen die Gerbstoffe der Zelle unterworfen werden, bestimmt wird.

Zur Stützung dieser Annahmen wurden von uns entsprechende Untersuchungen aufgenommen (RUBIN, ARZICHOWSKAJA und PROSSKURNIKOWA, 1947). Als Untersuchungsobjekt dienten zwei Kartoffelsorten, und zwar die gegenüber Phytophthora empfängliche Sorte „Kurier“ und die wenig anfällige Sorte 12994. Beobachtungen zeigen, daß das Alter einen der Faktoren darstellt, welcher die Widerstandsfähigkeit des Kartoffelblattes gegenüber Phytophthora bestimmt. Je nach dem Altern des Blattes wächst dessen Empfänglichkeit, wobei bereits bei Blättern mittlerer Lage das Maximum erreicht wird.

Es gelang uns festzustellen, daß bei jungen Blättern die Aktivität der Polyphenoloxydasen als Ergebnis einer Infektion anwächst, besonders stark bei immunen Sorten. Bei Blättern mittlerer Lage, die für eine Infektion besonders empfänglich sind, wird eine Senkung der Aktivität der Polyphenoloxydasen nach Infektion beobachtet. Die Aktivität wird bei nicht standhaften Sorten stärker unterdrückt (Tabelle 5).

Tabelle 5

Die Wirkung einer Infektion auf die Aktivität der Polyphenoloxydasen der Kartoffelblätter

Lage der Blätter (beginnend von unten)	Die Aktivität der Polyphenoloxydasen in infizierten Blättern in % der Kontrolle	
	12994	Kurier
I	133,9	137,7
II	104,0	89,2
III	83,1	—
IV	73,8	58,9
V	133,0	96,3
VI	336,4	161,6

Untersuchungen des Gerbstoffkomplexes zeigten, daß hinsichtlich der Gesamtsumme der Stoffe dieser Gruppe zwischen widerstandsfähigen und nicht standhaften Sorten keine wesentlichen Unterschiede bestehen. Die Summe ist bei einer nicht standhaften Sorte sogar etwas höher als bei einer widerstandsfähigen Sorte (Tabelle 6).

Tabelle 6

Der Gehalt an verschiedenen Gerbstoffanteilen bei gesunden und kranken Kartoffelblättern

Gerbstoffgruppe		Kurier				12994			
		Kontrolle		infiziert		Kontrolle		infiziert	
		γ auf 1 g Tr.-Substz.	% der Summe	γ auf 1 g Tr.-Substz.	% der Summe	γ auf 1 g Tr.-Substz.	% der Summe	γ auf 1 g Tr.-Substz.	% der Summe
Wasserlösliche	Polyphenole	4,55	10,2	5,74	126,2	10,42	25,4	17,46	167,6
	Tannine	31,28	70,5	31,73	101,4	14,61	35,6	11,91	81,5
	Summe	35,83	80,7	37,47	104,6	25,03	61,0	29,37	117,3
Wasserunlösliche	Polyphenole	4,84	10,9	4,13	85,3	12,02	29,3	14,83	123,4
	Tannine	3,75	8,4	3,20	85,3	3,96	9,7	5,54	139,9
	Summe	8,59	19,3	7,33	85,3	15,98	39,0	20,37	127,5
Gesamtsumme		44,42	100,0	44,80	100,9	41,01	100,0	49,74	121,3

Bei der Untersuchung der Verteilung der Gerbstoffe nach einzelnen Gruppen bei verschiedenen Kartoffelsorten wurden gleichzeitig recht wesentliche Unterschiede gefunden. Im besonderen muß bei der Sorte 12994 der verhältnismäßig hohe Gehalt an beweglichen, leicht reagierenden Komponenten hervorgehoben werden. Bei der Sorte 12994 übersteigt beispielsweise der Polyphenolanteil der wasserlöslichen Fraktion der Gerbstoffe den Gehalt an diesen Verbindungen der Sorte Kurier um das Doppelte (10,42 und 4,55). Im Zusammenhang damit kamen auf den Anteil der Polyphenole in der wasserlöslichen Fraktion der Gerbstoffe 12,7% ihrer Gesamtmenge, während bei der Sorte 12994 41,6% dieser

Fraktion angehörten. Analoge Verhältnisse zwischen den uns interessierenden Stoffen fanden sich auch in der Fraktion der in Wasser unlöslichen Gerbstoffe. Auf den Polyphenolanteil entfielen bei der Sorte Kurier 56,3% der wasserunlöslichen Gerbstoffe, während bei der Sorte 12994 es 75,2% waren.

Diese Angaben sprechen überzeugend dafür, daß der Gerbstoffkomplex der widerstandsfähigen Sorte vom Gesichtspunkt der Reaktionsfähigkeit aus über einen höheren Gehalt an aktiven Gruppen verfügt, was ihn im ganzen leichter mobilisierbar macht.

Das Bild der Veränderungen des Gerbstoffkomplexes, welche in Blättern widerstandsfähiger und nicht standhafter Kartoffelsorten bei Infektion zu beobachten sind, rechtfertigt diese Ansichten. Infektion durch Phytophthora verursacht recht starke Umwandlungen, nicht nur in der Menge, sondern auch in der qualitativen Zusammensetzung der Gerbstoffe. Die Polyphenole erleiden, wie man es auch erwarten mußte, die stärksten Umwandlungen. Die Richtung dieser Umwandlungen ist bei beiden Sorten die gleiche, jedoch ist das Ausmaß der Umwandlungen bei weitem nicht gleichartig. Der Polyphenolgehalt der löslichen Gruppe der „Kurier"-Blätter vergrößerte sich als Folge einer Infektion von 4,5% auf 5,7%, d. h. um 26%, wobei der Polyphenolanteil der Summe der löslichen Gerbstoffe von 12,7% auf 15,3% anstieg.

Gleichzeitig erreicht die Vergrößerung des Anteils an wasserlöslichen Polyphenolen bei der Sorte 12994 67% und in der wasserlöslichen Fraktion stieg der Polyphenolanteil von 41,6% auf 59,5% an, d. h. um das Anderthalbfache.

Diese Angaben stimmen mit den vorher beschriebenen Ergebnissen der anatomisch-physiologischen Untersuchungen der Wechselwirkungen zwischen Phytophthora und dem Blattgewebe nicht standhafter und widerstandsfähiger Kartoffelsorten gut überein. Gleichzeitig können diese Angaben zur Bekräftigung des vorher eingehend entwickelten Gesichtspunktes dienen, wonach der Widerstandsfähigkeit eine bestimmte Reaktionsnorm zugrunde liegt.

In letzter Zeit erschienen zwei Arbeiten, die die Widerstandsfähigkeit der Baumwollstaude gegenüber der Welkekrankheit betrafen. In einem Falle gelang es nicht, einen bestimmten Zusammenhang zwischen der Widerstandsfähigkeit und dem Gerbstoffgehalt aufzufinden (STROGANOW, 1947), im anderen wurde eine entgegengesetzte Abhängigkeit festgestellt (KANASCH, 1947). Die Angaben dieser Arbeiten stehen nicht im Widerspruch zu den von uns entwickelten Auffassungen. Es ist vor allem bekannt, daß viele Stoffe, die zum Komplex der Tannide gehören, typische Antioxydantien sind (MICHLIN, 1947). Daher muß deren überreichliche Ansammlung in den Geweben unvermeidlich zur Unterdrückung der Oxydationsprozesse führen. Die Wirkung der die Oxydationsprozesse hemmenden Polyphenole fällt fort, wenn diese Stoffe in Form von Glukosiden in der Zelle vorkommen. Man kann es sich vorstellen, daß dem Welkebefall der Baumwollstaude eine vom Erreger dieser Krankheit hervorgerufene Aktivierung der Spaltungsprozesse der Glukoside und damit das Freiwerden großer Phenolmengen zugrunde liegt. Gerade ein hoher Gerbstoffgehalt ruft nach Angaben von GUBANOW (wir zitieren nach KANASCH) die für die Welkekrankheit typischen Erscheinungen hervor. Ein entsprechendes Bild erhielt GUBANOW bei künstlicher Anreicherung der Gewebe der Baumwollstaude mit Polyphenolen.

Außerdem ist es hier angebracht, sich diejenigen Angaben ins Gedächtnis zurückzurufen, die vorher angeführt und von uns an Kartoffelblättern erhalten worden waren. Diese wiesen darauf hin, daß bei Untersuchung der Widerstandsfähigkeit der Pflanze auf die qualitative Zusammensetzung der Stoffe des Gerbkomplexes und auf deren Dynamik beim Befall der Pflanze geachtet werden muß. Bestimmungen des gesamten Tanningehaltes können jedoch nicht als Richtschnur zur Erkennung der Äußerungen der Widerstandsfähigkeit dienen.

Zu entsprechenden Folgerungen kommt PROKOSCHEW (1947). Bei einem Vergleich der Gerbstoffe gesunder Knollen von Kartoffelsorten, die gegenüber Krebsbefall widerstandsfähig und solcher, die krebsempfänglich waren, gelang es nicht, irgendeine Gesetzmäßigkeit festzustellen, und es wird mit Recht angenommen, „... die Geschwindigkeit der Bildung einer Trennungsschicht kann nicht nur durch die Menge, sondern auch durch die qualitative Zusammensetzung der Gerbstoffe und nicht nur durch die Intensität derjenigen Oxydationsprozesse, die sich in den befallenen Zellen ausbilden, sondern auch durch ihre spezifische Eigenart bedingt sein. Daher ist eine tiefere Kenntnis der Natur der Immunität der Kartoffel gegenüber Krebs nur auf Grund von biochemischen Untersuchungen, gerade beim Prozeß der Kartoffelinfektion selbst und nicht auf dem Vergleichswege an gesundem Material möglich" (Die Biochemie der Kartoffel, S. 156).

Die oxydierenden Wirkungsträger des Pflanzengewebes und die Stoffe, die als Substrat, in dem sich ihre Tätigkeit entwickelt, dienen können, haben für den Charakter der sich abspielenden Reaktion eine recht große Bedeutung.

Zu dieser Art von Äußerungen zählen auch die Ergebnisse der Beobachtungen von EDGERTON und CARVAJOL (1944) über die inneren Ursachen der Unterschiede in der Widerstandsfähigkeit des Zuckerrohrs gegenüber Rotfäule. Nach diesen Verfassern wird die Resistenz des Wirtes auch im vorliegenden Fall durch die Geschwindigkeit der Bildung des farbigen Abschnittes bestimmt, es ist dieses die charakteristischste Reaktion des Gewebes auf das Eindringen eines Parasiten.

Bei resistenten Sorten des Zuckerrohres tritt unmittelbar nach Ausbildung eines Kontaktes mit dem Parasiten der Tod der Zelle ein, womit auch zugleich das Pilzmyzel, das in die Gewebe eingedrungen ist, abstirbt. Für die Reaktion auf das Eindringen des Myzels ist nicht nur eine große Geschwindigkeit, sondern auch Intensität kennzeichnend, insofern die infizierten Zellen sich schnell intensiv rot färben. Die Ausmaße des verfärbten Parenchymabschnittes sind jedoch recht gering, da der Tod des Pilzes eintritt, bevor sein Myzel Zeit hat sich auszubreiten. So hängt die Widerstandsfähigkeit auch in diesem Fall mit Umwandlungen phenolähnlicher Stoffe zusammen, die bei Oxydation farbige Produkte ergeben.

Entsprechende Hinweise werden in der Arbeit von EVANS (1943) angeführt, der die Abhängigkeit zwischen der Resistenz des Zuckerrohrs gegenüber Rotfäule und der Menge an Aminophenolen der Tyrosinreihe, die sich im infizierten Gewebe der Wirtspflanze bilden, feststellte.

In späteren Untersuchungen von DUFRENOY (1944), die von ihm in Zusammenarbeit mit HUMPHREY durchgeführt wurden, konzentrierte sich die Aufmerksamkeit der Verfasser nicht nur auf den Phenolkomplex, sondern erstreckte sich auch auf die phosphorsauren Verbindungen der Zelle. Die Ergebnisse der zytochemischen Untersuchung der gegenseitigen Beziehungen zwischen dem Rost und sich in der Widerstandsfähigkeit unterscheidender Hafersorten überzeugten die Verfasser davon, daß die Entwicklung des Parasiten innerhalb des Gewebes und seine Fähigkeit, das Stadium der Sporenbildung zu erreichen, durch die Fähigkeit des Mikroorganismus bedingt ist, die in den Geweben der Wirtspflanze befindliche Phosphorsäure auszunutzen.

Im gesunden, nicht infizierten Gewebe liegt der überwiegende Teil der Phosphorsäure in Form von hochmolekularen Verbindungen (Nucleotide) vor und ist praktisch nicht fähig, Zellwände zu durchdringen. In den von Rost befallenen Zellen und in denjenigen, die eine Infektion überstanden haben, setzt Hydrolyse der Nucleotide ein, in deren Verlauf die Phosphorsäure eine große Beweglichkeit erlangt. Hauptsächlich sondert sich die Phosphorsäure in Form von phosphorylierten Zuckern in den Zwischenzellräumen ab, wo sie auch von den Hyphen des Parasiten ausgenutzt wird. Der Kohlenhydratrest wird in Form von Glucose, Saccharose oder von Stärke in der Zelle abgelagert. Dank der sich ausbildenden Unterschiede in der Konzentration des Phosphors wird ein Abfluß der Phosphorsäure aus den befallenen Geweben in unmittelbar an sie angrenzende Gewebe beobachtet. Diese Beobachtungen von DUFRENOY stimmen gut mit Versuchen von ALLEN (1942) überein, im Verlauf derer gezeigt wurde, daß der Meltaubefall des Weizens mit dem Anwachsen der Atmungsintensität des befallenen Gewebes eng zusammenhängt; gleichzeitig wird eine Anreicherung an Kohlenhydraten beobachtet.

Diese indirekten Hinweise auf Umwandlungen im energetischen Stoffwechsel der Zelle, die infolge einer Spaltung der an Energie reichen Bindungen des Phosphors auftreten, werden durch direkte Beobachtungsergebnisse der Verfasser über den Gasstoffwechsel infizierter Pflanzen beim Atmen unterbaut. Der Befall der Gewebe einer höheren Pflanze durch einen Parasiten zieht, wie Versuche zeigten, eine Verstärkung des Sauerstoffverbrauches nach sich, der seinerseits eine Steigerung der Atmungsintensität des Gewebes hervorruft. Da jedoch ein Teil des Sauerstoffes für die Oxydation der Phenolverbindungen verwendet wird, die infolge Zerfalles der Phosphornucleotiden nicht mehr vor einer nicht umkehrbaren Oxydation geschützt sind, wird die Steigerung des Sauerstoffverbrauches durch das Gewebe nicht vollständig durch Kohlensäureausscheidung kompensiert. Der Grad dieser mangelnden Kompensation und ihr endgültiger physiologischer Effekt hängen von der Erhaltung der Fähigkeit des Gewebes ab, die sich bei der Oxydation bildenden Chinone zu reduzieren. Die Geschwindigkeit der Oxydation der Phenole zu Chinonen steht mit einer Reihe von Faktoren im Zusammenhang: der qualitativen Zusammensetzung der Phenole, der Aktivität der Polyphenoloxydasen usw. In Fällen, wo diese Geschwindigkeit die Geschwindigkeit der Chinonreduktionen, die mit Hilfe eines Systems von Dehydrasen erfolgt, nur ein wenig übersteigt, bleiben die Gewebe der infizierten Pflanze eine bestimmte Zeit am Leben.

Diese Auffassungen werden in einer Arbeit von McDOUGAL und DUFRENOY (1946) und in einer Zusammenfassung von DUFRENOY (1945) eingehend erörtert.

Einen ähnlichen Zusammenhang beobachtet man in denjenigen Fällen, wo ein nicht standhafter empfänglicher Wirt in Wechselbeziehung zu einem Parasiten tritt. In Fällen jedoch, wo die Geschwindigkeit der Chinonbildung die Geschwindigkeit ihrer Wiederhydrierung stark übersteigt, tritt ein schneller Tod des infizierten Gewebes ein, noch bevor sein Inhalt von Parasiten ausgenutzt werden kann. Ein solches Bild beobachtet man im Falle der Infektion einer widerstandsfähigen immunen Pflanze. Falls der Pilz nicht in der Lage ist, sich als Parasit festzusetzen, benimmt er sich wie ein pathogener Organismus. Er bleibt innerhalb der nekrotischen Flecken lokalisiert, die sich unter seiner eigenen Einwirkung bilden und aus mit Chinonen durchtränkten Zellen besteht. Einem solchen Fall liegt die vorher beschriebene „Überempfindlichkeit" eines Gewebes zugrunde.

Von Interesse sind Beobachtungen von DUFRENOY und HUMPHREY (a. a. O.) wie auch von REED (1935) über Erscheinungen der Koazervation, die nach Infektion in Zellen höherer Pflanzen auftreten. Während in Zellen, die von phytopathogenen Mikroorganismen unmittelbar betroffen sind, eine Plasmolyse des Protoplasmas eintritt, wird in Geweben, die in der Nähe der Infektionsstelle gelegen sind, eine Koazervation des Inhalts der Zellvakuolen beobachtet. Diese Erscheinung erscheint gleichsam als Gegengewicht zur Plasmolyse, insofern die Zellen dank der Koazervation Stoffe in einem für die Stoffwechselprozesse zugänglichen Zustande erhalten können. Gleichzeitig werden sie auch vor schädlichen Einwirkungen bewahrt, die ein starker, von den Hyphen des Parasiten entwickelter osmotischer Druck auf sie ausüben könnte (vgl. auch THATCHER, 1939, 1942, 1943).

Falls man die wichtige biologische Bedeutung der Gesetzmäßigkeiten bei den vorher beschriebenen Umwandlungen der Gerbstoffe anerkennt, muß man diese gleichzeitig nur als einen besonderen Fall einer noch weitergehenden und allgemeinen Gesetzmäßigkeit ansehen, die den Stoffwechsel der Zelle im ganzen erfaßt. Unter diesen Bedingungen ist auch die Untersuchung des hydrologischen Systems der Pflanze, welches in den vorher zitierten Arbeiten keine gebührende Beachtung fand, unbedingt notwendig.

Untersuchungen solcher Art, die eine Reihe von Elementen, sowohl des oxydativen, wie auch des hydrolytischen Systems des Wirts, wie auch Umwandlungen, die bei der Aktivität und einer gerichteten Wirkung der Fermente des Wirts unter dem Einfluß einer Infektion auftreten, umfassen, wurden von uns im Jahre 1933 gemeinschaftlich mit W. JE. TRUPP begonnen. Als Untersuchungsobjekt dienten innere Schutzfaktoren einer Reihe von Gemüsepflanzen gegenüber pathogenen Mikroorganismen bei der Lagerung. Die Arbeit wurde vor allem mit Kohl und mit der Zwiebel durchgeführt, wobei es in den Resultaten bereits des ersten Untersuchungsjahres zu zeigen gelang, daß widerstandsfähige Sorten durch eine höhere Aktivität der Peroxydase und der Ascorbinase, durch einen höheren *rh*-Wert und durch eine gesteigerte Intensität der Sauerstoffatmung charakterisiert sind. Die Aktivität der Invertase in vitro erwies sich bei widerstandsfähigen Sorten als erniedrigt. Bei Untersuchung der Umwandlung der Saccharose in der lebenden Zelle wurde festgestellt, daß die Widerstandsfähigkeit nicht nur mit einer gesenkten Aktivität der Prozesse des fermentativen Zerfalles, sondern vor allem mit einer starken Tendenz zur Saccharosebildung zusammenhängt.

Von grundsätzlicher Bedeutung muß von unserem Gesichtspunkte aus im Rahmen der vorher erwähnten biochemischen Besonderheiten das Oxydationssystem der Pflanzen und die Fähigkeit der Zellen sein, unter ungünstigen Bedingungen und im besonderen beim Zusammentreffen mit einer Infektion, ein widerstandsfähiges Gleichgewicht der oxydierenden und reduzierenden Prozesse zu bewahren. Eine intensive Neubildung von Ascorbinsäure in den Geweben des Kohls, die auch nach Beendigung der Vegetation (zur Zeit der Lagerung) erfolgt, gilt als eine der markantesten Äußerungen der Widerstandsfähigkeit der oxydierenden Fermente. So wird beispielsweise beim Kohl Amager der Ascorbinsäuregehalt von 35 bis 40 mg% im Verlaufe von 120 bis 150 Aufbewahrungstagen auf 28 bis 30 mg% abgebaut. Bei der Kohlsorte Nr. 1, die bei Lagerung nicht widerstandsfähig ist, sinkt unter denselben Bedingungen der Gehalt an Vitamin C von 28 bis 30 mg% auf 18 bis 20 mg%, d. h. um fast 30%. Für besonders auf Lagerungsfähigkeit hin ausgewählte Linien des Kohls Amager ist nicht nur ein erhöhter Gehalt an Vitamin C, sondern auch eine praktisch vollständige Stabilität desselben charakteristisch. So bewahrt beispielsweise eine der Linien (1474), mit 60 bis 70 mg% Ascorbinsäure, diesen Gehalt vollständig bei Lagerung im Verlaufe von 6 bis 7 Monaten. ARZICHOWSKAJA gelang es, den ursächlichen Zusammenhang der aufgezählten Eigenarten des Fermentsystems der Pflanze mit ihrer Widerstandsfähigkeit durch Versuche, bei welchen die Intensität der oxydierenden Prozesse durch Versetzen der Pflanzen in eine mit Kohlensäure angereicherte Atmosphäre unterdrückt wurde, aufzuzeigen. Unter diesen Bedingungen, wie auch bei einer Infiltration des Botrytis-Toxins in die Pflanzengewebe wurde eine Steigerung der hydrolytischen Aktivität der Invertase beobachtet.

Die künstliche Senkung der Sauerstoffatmung war, abgesehen von der Aktivierung der hydrolytischen Tätigkeit, von einer Senkung des Grades der Widerstandsfähigkeit der Pflanzen begleitet. Diese Verhältnisse fanden sich bei widerstandsfähigen und nicht standhaften Kohlsorten, doch waren die Ausmaße der Veränderungen bei den verschiedenen Sorten recht unterschiedlich. Sie zeigten völlige Übereinstimmung mit der anfänglichen Widerstandsfähigkeit der Fermentaktivität. Bei widerstandsfähigen Sorten wurde nur eine geringe Atmungsdepression und eine unbedeutende Aktivierung der hydrolytischen Tätigkeit beobachtet. Für nicht standhafte Sorten sind starke Änderungen beider Gruppen von Prozessen charakteristisch.

So stieg beispielsweise bei einem der Versuche die Zerfallsgeschwindigkeit der Saccharose im Falle der nicht standhaften Sorte (Nr. 1) unter der Einwirkung des infiltrierten Toxins um das Vierfache an (von 23,6 auf 95,2), bei der Sorte

Amager jedoch nur um das $2^1/_2$fache (von 13,7 auf 33,8). Die Aktivität der Peroxydase sank bei Nr. 1 meistens oder blieb unverändert (die ersten zwei Tage nach der Infiltration), während die Aktivität der Peroxydase in dieser Zeit bei einer widerstandsfähigen Sorte anstieg und zeitweilig sich recht bedeutend erhöhte.

Die von ARZICHOWSKAJA durchgeführten anatomischen Untersuchungen ermöglichten es festzustellen, daß das Verbleiben einer widerstandsfähigen Kohlsorte in Kohlensäure grundlegende Veränderungen im Charakter ihrer Widerstandsfähigkeit hervorruft.

Abbildung 14 bringt einen Schnitt durch ein solches Kohlblatt. Es wird hier die Grenzfläche zwischen einem gesunden und befallenen Gewebe dargestellt. Man erkennt eine schwache, für die betreffende Sorte durchaus nicht eigentümliche Widerstandsfähigkeit der Zellen gegenüber dem Toxin. Die Schnittstelle ist frei von Hyphen, das Gewebe ist aber schon zerstört und ein großer Teil der Zellen plasmolysiert (vgl. das übliche anatomische Bild von befallenem Gewebe der Sorte Amager, Abbildung 10).

Abgesehen vom statischen Merkmal, als welches sich die Aktivität dieser oder jener Fermente darstellt, sind somit auch nicht weniger wichtige Unterschiede im Charakter der Reaktion der Pflanzen auf das Eindringen einer Infektion in ihre Gewebe hin für diejenigen Sorten charakteristisch, die hinsichtlich der Widerstandsfähigkeit verschieden sind.

Beim Kohl Amager, mit einer weniger scharf ausgedrückten hydrolytischen Richtung des Stoffwechsels, ändert sich das Verhältnis $\frac{\text{Synthese}}{\text{Zerfall}}$ der Saccharose weniger als bei der Kohlsorte Nr. 1, die sich unter denselben Bedingungen befindet. Die Merkmale der Widerstandsfähigkeit der Gewebe gegenüber Veränderungen in der Wirksamkeit der Fermente (Aktivität und Richtung) müssen somit vom Gesichtspunkt der Widerstandsfähigkeit gegenüber Mikroorganismen als nicht weniger wichtig angesehen werden als diejenigen Angaben, welche die Aktivität selbst der Fermente charakterisieren.

Infolgedessen hat der Zusammenhang zwischen der Widerstandsfähigkeit der Pflanze und dem Wasserhaushalt ihrer Gewebe großes Interesse. Bereits in den Jahren 1927—1929 wurde in den Arbeiten von RUBIN an der Ramonsker Versuchsstation gezeigt, daß verwelkte Zuckerrübenwurzeln, die ihren Turgor verloren hatten, gegenüber Botrytis cinerea eine stark erniedrigte Widerstandsfähigkeit zeigten. Die zu gleicher Zeit durchgeführten Bestimmungen der Invertase der Wurzel ergaben, daß das Welkwerden von einer Steigerung der Aktivität des Ferments begleitet ist, die im allgemeinen proportional dem Grade des Wasserverlustes ist[1].

---

[1] Das Welkwerden ist nur eine der Erscheinungen der Einwirkung der Umwelt auf die Widerstandsfähigkeit der Pflanze. Die Frage nach der Rolle der äußeren Faktoren bei Wechselwirkungen zwischen Wirt und Parasit hat eine sehr große, selbständige Bedeutung. Dieses Problem behandelt insbesondere eine unlängst veröffentlichte Zusammenfassung von WINGARD (1941). Die Betrachtung dieser Frage gehört nicht zu unseren Aufgaben. Es liegt Grund vor anzunehmen, daß der Einfluß der Umweltfaktoren in starkem Maße durch ihre Einwirkung auf den inneren Chemismus der Pflanze bestimmt wird.

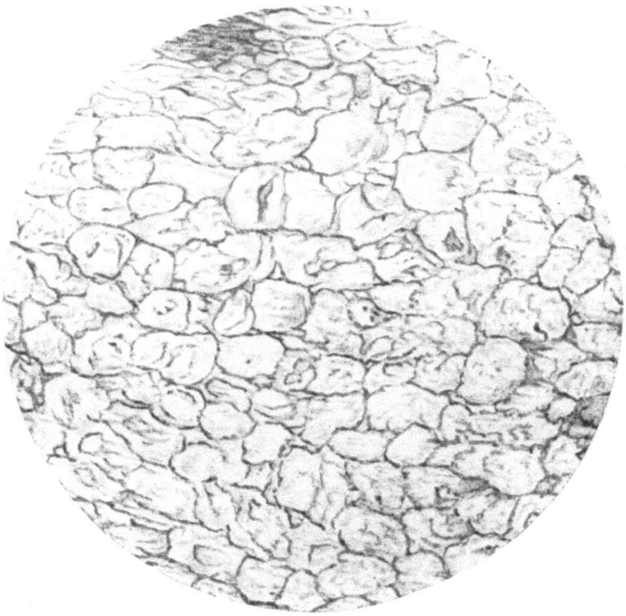

Abb. 14

Das anatomische Bild einer Infektion mit Botrytis cinerea bei der Kohlsorte Amager nach Verbleiben in einer an CO_2 reichen Atmosphäre

Im Jahre 1937 verfolgten RUBIN und LIPMAN (RUBIN, 1940) den Verlauf des Wasserverlustes bei Zwiebelknollen, die sich durch ihren Widerstandsfähigkeitsgrad gegenüber Mikroorganismen beim Lagern unterschieden. Es stellte sich heraus, daß die sogenannten lagerungsfähigen Sorten das Wasser bedeutend langsamer und sparsamer verloren als nicht lagerungsfähige Sorten (siehe Abbildung 15).

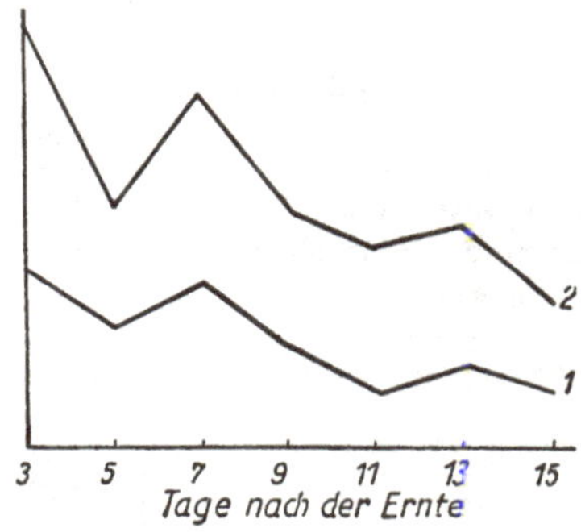

Abb. 15
Gewichtsverluste beim Lagern von Zwiebeln mit einem verschiedenen Grad der Lagerungsfähigkeit.
1. lagerungsfähige Sorten; 2. nicht lagerungsfähige Sorten.

Dieses wird durch jenen wesentlichen Einfluß bestimmt, den ein normaler Wasserhaushalt des Gewebes auf die Erhaltung des Standes der synthetisierenden und hydrolysierenden, für das betreffende Gewebe charakteristischen Fermente, ausübt (SISSAKJAN, 1940). Infolgedessen führt eine geringere Wasserhaltungsfähigkeit, die für Gewebe nicht lagerungsfähiger Sorten charakteristisch ist, zur schnelleren Verschiebung des Gleichgewichtes $\frac{\text{Synthese}}{\text{Hydrolyse}}$ nach der Seite der Hydrolyse hin und zur Senkung der damit verbundenen Resistenz.

Die aufgezählten Tatsachen ermöglichen es, das Verhältnis zwischen dem Fermentsystem der Pflanze und ihrem Widerstandsfähigkeitsgrad nicht als eine abstrakte Wechselbeziehung, die des konkreten Inhaltes einer Korrelation beraubt ist, zu betrachten, sondern als einen ursächlichen physiologischen Zusammenhang. Dieser Abhängigkeit liegt die Wechselwirkung zwischen den Fermenten der höheren Pflanze einerseits und den Fermenten des Pilzes andererseits zugrunde. Der Charakter dieser Wechselwirkung, der durch das Verhältnis der Aktivität der Elemente des hydrolytischen und des oxydierenden Systems des Wirts und des Parasiten bestimmt wird, bedingt im Endergebnis auch die Intensität des Zerfalls des Zellinhaltes und der Gewebe der höheren Pflanze unter der Einwirkung des phytopathogenen Mikroorganismus.

Zur Veranschaulichung dieser Sachlage wollen wir die in unserem Laboratorium erhaltenen Versuchsergebnisse anführen, welche diejenigen Prozesse charakterisieren, die während der Winterlagerung in den Geweben von Weißkohl vor sich gehen.

Die allgemeine Richtung der biochemischen Veränderungen im lagernden Kohl weist bekanntlich auf einen Zerfall der komplizierten Moleküle der Reservenährstoffe in einfachere hin. Dieses bezieht sich sowohl auf die Kohlenhydrate, wie auch auf die stickstoffhaltigen Stoffe.

Zugleich mit der Gleichartigkeit der allgemeinen Richtung der Veränderungen derjenigen Stoffe, die in den Geweben des Kohls vorliegen, weisen die Versuchsdaten auf recht deutliche Unterschiede im Verlauf der Veränderungen hin, die mit einer verschiedenen Lagerfähigkeit (Widerstandsfähigkeit) der einzelnen Sorten zusammenhängen.

Tabelle 7

Veränderungen der chemischen Zusammensetzung der Blätter von lagerndem Kohl, umgerechnet auf 1 g des Gesamtstickstoffes

Verbindungsgruppe	Sorten: Amager 3/XII	Amager 14/II	Amager 13/IV	Nr. 1 3/XII	Nr. 1 14/II	Nr. 1 13/IV
Monosaccharide	23,2	26,1	18,6	24,1	25,4	23,5
Di- und Polysaccharide	4,6	5,5	3,9	4,3	4,7	2,4
Zellgewebe	5,9	6,1	6,1	6,6	6,6	5,6
Summe der Kohlenhydrate	33,7	37,7	28,6	35,0	36,7	31,5
Eiweiß-N	0,47	0,48	0,39	0,30	0,41	0,10
Amid-N	0,13	0,06	0,04	0,14	0,08	0,06
Amin-N	0,33	0,31	0,42	0,39	0,35	0,59
Ammoniak-N	0,05	0,11	0,15	0,07	0,14	0,22

Aus Tabelle 7 ist zu ersehen, daß die Gewebe der Kohlsorte Amager, die sich gut hält, ungefähr 20% der in ihr enthaltenen Gesamtmenge an Kohlenhydraten für die Atmung verwenden und die Verluste der Kohlsorte Nr. 1 kaum 10% des ursprünglichen Kohlenhydratgehaltes erreichen.

Der Zerfall komplizierterer Reservestoffe in einfachere verläuft bei sich schlecht haltenden Sorten energischer, was sowohl an den Veränderungen der Summe der Di- und Polysaccharide, als auch an der Verringerung des Eiweißstickstoffes zu erkennen ist.

Eine eingehende Untersuchung der Aktivität der Peroxydase und der Fermente der Carbohydrasegruppe ermöglichte es ARZICHOWSKAJA, recht bestimmte Hinweise hinsichtlich der vermutlichen Ursachen derartiger Veränderungen der Zusammensetzung (Tabelle 8) zu erhalten.

Tabelle 8

Die Dynamik der Aktivität einiger Fermente bei Kohlblättern bei Lagerung (auf 1 mg des Gesamtstickstoffes)

Benennung der Fermente	Sorte: Amager 8/XII	Amager 14/II	Amager 13/IV	Nr. 1 8/XII	Nr. 1 14/II	Nr. 1 13/IV
Peroxydase	11,6	14,8	17,5	6,3	7,7	13,9
Invertase	9,7	22,2	14,8	11,1	24,5	80,9
Amylase	51,5	85,5	95,0	57,0	118,3	131,5
Hemicellulase	20,4	30,3	19,0	26,3	37,0	29,0

Die Angaben der Tabelle zeigen, daß zwischen beiden Kohlsorten, sowohl hinsichtlich der Carbohydrasen, als auch hinsichtlich der Peroxydase, eindeutige Unterschiede bestehen. Die bei Lagerung nicht standhafte Sorte Nr. 1 verfügt über eine erhöhte Aktivität aller drei untersuchten hydrolytischen Fermente. Recht wichtig ist es auch, daß sich die Wirksamkeit der Hydrolasen bei dieser Sorte während der Lagerungszeit (vom Dezember bis April) verstärkt, wobei dieser Aktivitätsanstieg bei der Invertase 730% der ursprünglichen Aktivität erreicht. Die Kohlsorte Amager verfügt nicht nur über ein weniger aktives, sondern vor allem über ein stabileres Hydrolasesystem. Die Aktivität derselben Invertase wuchs beispielsweise hier während der Lagerungszeit im Vergleich zum Beginn der Lagerung nur um 53% an. Analog sind die Daten für Amylase und Hemicellulasen, deren Dynamik durch nachfolgende Zahlen wiedergegeben wird:

Die Aktivität der Fermente im April im Vergleich zum Dezember in Prozent

	Amager	Nr. 1
Amylase	184	231
Hemicellulase	93	110

In anderer Weise gestalten sich die Wechselbeziehungen zwischen den Sorten nach der Intensität der oxydierenden-reduzierenden Prozesse. Hierfür sprechen nicht nur die in der Tabelle 8 angeführten Zahlen über die Aktivität der Peroxydase, sondern auch eine große Anzahl von Angaben über die Ascorbinase, die Intensität der Sauerstoffatmung, über den Gehalt an Ascorbinsäure und über den *rh*-Wert. In allen Fällen sind diese Werte in jedem beliebigen Abschnitt des Lebenscyklus des Kohls für die Sorte Amager höher, als für die Sorte Nr. 1, wenn wir es mit Pflanzen zu tun haben, die unter gleichen Bedingungen aufgewachsen sind. Das Gesagte kann durch nachfolgendes, recht typisches Beispiel veranschaulicht werden (Tabelle 9).

Tabelle 9

Die Veränderungen einiger Kennzahlen des Oxydationssystems bei Kohl

Sortenbezeichnung	Aktivität der Peroxydase	Aktivität der Ascorbinase	Gehalt an Ascorbinsäure	Energie der Atmung in mg CO_2	*rh*
Amager	44,9	14,5	47,9	24,8	31,4
Nr. 1	23,6	10,6	32,5	17,4	27,7

Gerade durch diese Besonderheiten müssen auch die Unterschiede im Verhalten der Zuckerarten bei der einen oder der anderen Kohlpflanze bei Lagerung bedingt sein.

Wir wollen vor allem das starke Abfallen des Gehaltes an polymeren Kohlenhydraten bei der Sorte Nr. 1 im Vergleich zu Amager hervorheben. Umgekehrte Verhältnisse sind für die Monosen charakteristisch. Für Gewebe einer widerstandsfähigen Sorte ist der völlige Verbrauch der Monosen bezeichnend, die sich als Resultat hydrolytischer Prozesse bilden, was durch eine gewisse Koordinierung der Wirksamkeit der oxydierenden Fermente und der Hydrolasen gewährleistet wird.

Tabelle 10

Veränderungen im Kohlenhydratkomplex der Kohlblätter bei Lagerung (Zuckergehalt am Schluß der Lagerung in % des ursprünglichen Gehalts)

Vergleichselemente	Sorte	
	Amager	Nr. 1
Monosen	77	98
Biosen + Polyosen	85	56
Zellgewebe	103	85
Summe	82	90

Bei der Kohlsorte Nr. 1 besteht zwischen den angeführten Gruppen von Prozessen zweifellos eine Spaltung, die sowohl durch eine aktive Hydrolyse, als auch durch eine verlangsamte Atmung bedingt ist.

Der allgemeine Verlust an Kohlenhydraten ist bei Amager höher, als bei der Sorte Nr. 1. Besonders prägnant zeichnet sich dieser Umstand ab, wenn man die Sorten nach dem Gehalt an Kohlenhydraten der ersten beiden Gruppen vergleicht (Monosen und Biosen + Polyosen). Der Gehalt an diesen Kohlenhydraten betrug bei Amager im April im Vergleich zum Dezember 78% und bei Nr. 1 91%.

Ebenso deutlich zeichnen sich die Unterschiede zwischen den Sorten auf Grund der Dynamik der Eiweißstoffe (Tabelle 7) ab. Beim Kohl Amager verringerte sich der Anteil an Eiweißstoffen (in % des Gesamtstickstoffes) während der Zeit der Lagerung von 47% auf 38%, während der Eiweißanteil bei Nr. 1 von 39% auf 10% fiel, d. h. auf ein Viertel zurückging. Entsprechend waren die Veränderungen im Aminosäuregehalt, dessen Menge sich beispielsweise bei Nr. 1 während der Zeit der Lagerung um das Anderthalbfache und bei Amager um 30% vergrößerte. Die größte Bedeutung messen wir jedoch den Werten des Ammoniakgehaltes bei. Im Zusammenhang mit der allgemeinen Richtung der Veränderungen in der Gruppe der stickstoffhaltigen Stoffe steigt bei Lagerung die Ammoniakmenge in den Geweben beider Sorten sichtbar an. Bei der nicht standhaften Sorte Nr. 1 entfallen am Ende der Lagerung fast 25% des Gesamtstickstoffes auf den Ammoniakanteil, während der Ammoniakgehalt beim Kohl Amager 15% nicht übersteigt. Die Ansammlung großer Mengen einer für die Zelle so toxischen Verbindung, wie es der Ammoniak ist, muß sich negativ auf die normale Lebenstätigkeit auswirken und auf die Fähigkeiten des Gewebes, den Anfällen seitens der Mikroorganismen zu widerstehen. Das ist das unmittelbare Ergebnis der Besonderheiten des Stoffwechsels in der Gruppe der stickstoffhaltigen Substanzen, die für die Sorten charakteristisch sind.

Was jedoch die Kohlenhydrate betrifft, so kann die Bildung von irgendwelchen flüchtigen kohlenstoffhaltigen Stoffen, deren Menge bei Nr. 1 stets höher als bei Amager ist, als eines der Kennzeichen der Spaltung zwischen Hydrolyse und Oxydation dienen. Die chemische Natur dieser Stoffe ist vorläufig unbekannt. Außer den Senfölen, die für die gesamte Art Brassicae charakteristisch sind, liegen aller Wahrscheinlichkeit nach auch einige Zwischenprodukte des Kohlenhydratstoffwechsels (organische Säuren, Alkohole, Acetaldehyd) in diesen Komplexen vor.

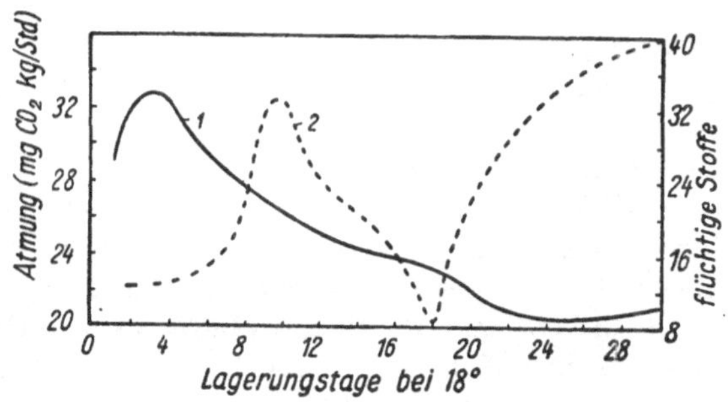

Abb. 16
Kurven der Atmung (1) und der Ausscheidung von flüchtigen organischen Stoffen durch lagernde Äpfel (nach GERHARDT und EZELL)

Im Zusammenhang hiermit ist es von Interesse, hier die Angaben von GERHARDT und EZELL (1939) anzuführen, welche die Ausscheidungen an flüchtigen organischen Stoffen durch lagernde Äpfel untersuchten. Die Autoren zeigten, daß der Gehalt derartiger Verbindungen[1] in den Geweben der Früchte von ihrer Atmungsintensität abhängt. Aus den Kurven, die in Abbildung 16 gebracht werden, ist tatsächlich zu ersehen, daß am vierten Tage der Lagerung, wo die Atmungskurve abzufallen beginnt, sich die Menge an ausgeschiedenen flüchtigen Stoffen vergrößert. Am 11. Tage wurde an den Früchten das Auftreten von Penicillium und Botrytis beobachtet, was das Abfallen der Atmungsintensität verlangsamte und gleichzeitig die Ausscheidung an flüchtigen Stoffen abschwächte. Am 18. Tage der Lagerung, als der Schimmelbefall bedeutende Ausmaße erreichte, fiel die Atmung bis auf ein Minimum, und die Kurve der flüchtigen Verbindungen zeigte einen scharfen Anstieg. Diese Beobachtungen sind eine wichtige Bestätigung der Folgerungen von ARZICHOWSKAJA. Zur endgültigen Lösung der Frage ist es jedoch erforderlich, diese Stoffe zu isolieren und ihre Natur festzustellen.

Die erhöhte Aktivität des fermentativen Zerfalles der Saccharose bei Sorten, die bei Lagerung nicht haltbar sind, erwies sich nicht nur als charakteristisch für den Kohl, sie wurde gleichfalls bei der Zwiebel festgestellt.

Im Durchschnitt erhielten wir bei 10 Zwiebelsorten, die von uns untersucht wurden, folgende Zahlen:

	Hydrolyse	Synthese	Synthese / Hydrolyse
Bei Lagerung nicht haltbarer Sorten	14,1	7,1	0,49
Bei Lagerung widerstandsfähiger Sorten	10,5	21,1	20,1

[1] Die Autoren halten diese Stoffe für Acetaldehyd.

Die Abhängigkeiten, die in den Arbeiten unseres Laboratoriums festgestellt wurden, erfuhren in den letzten Jahren, auch in einer Reihe von anderen Untersuchungen, eine Bestätigung.

GRETSCHUSCHNIKOW zeigte beispielsweise, daß bei der Kartoffel Sortenunterschiede hinsichtlich der Widerstandsfähigkeit gegenüber dem Parasiten Phytophthora infestans positiv und eng mit der Aktivität der Peroxydase (1939) zusammenhängen. Etwas früher (1938) wurde von ihm gezeigt, daß die Widerstandsfähigkeit derselben Kartoffel mit der Aktivität der sogenannten Sistoamylase in Korrelation steht. Eine nähere Untersuchung dieses hypothetischen Fermentes zeigte (SUCHORUKOW und NESGOWOROW, 1940), daß wir es hier mit einem Ferment zu tun haben, welches der hydrolytischen Funktionen beraubt und nur befähigt ist, eine Synthese der Stärke durchzuführen (Amylosynthease).

Die Widerstandsfähigkeit der Pflanze erweist sich somit auch hinsichtlich des für sie typischen Parasiten mit der oxydativen Aktivität ihrer Gewebe positiv verbunden und negativ zusammenhängend mit der hydrolytischen Aktivität.

Von SMITH und PETERSON (1937) veröffentlichte Beobachtungen, die gleichfalls die Kartoffel als Untersuchungsobjekt betreffen, haben von dem von uns untersuchten Gesichtspunkt aus ein Interesse. Der Resistenzgrad hinsichtlich Phytophthora hängt gemäß den Angaben dieser Autoren direkt mit der Anreicherung der Knollen an Ascorbinsäure zusammen. In Anbetracht dessen, daß der Gehalt an Vitamin C im Falle der Mehrzahl der vegetativen Organe der Pflanze eine direkte Funktion der Aktivität ihrer oxydierenden Fermente im lebenden Gewebe ist, haben wir es folglich hier mit einer Bestätigung der von ARZICHOWSKAJA gewonnenen Beobachtungen zu tun.

Untersuchungen von OPARIN und KUPLENSKAJA, die an der Zuckerrübe durchgeführt wurden, weisen gleichfalls auf die positive Bedeutung einer hohen oxydativen Aktivität der Gewebe des Wirts für ihre Widerstandsfähigkeit hin. Nach Versuchen dieser Verfasser erwiesen sich Wurzeln mit einer höheren Wertigkeit des oxydierenden-reduzierenden Potentials als standhafter und wurden von Botrytis cinerea in geringerem Maße befallen. Ähnliche Hinweise über den Zusammenhang zwischen der Widerstandsfähigkeit und dem oxydativen System wurden von KASPAROWA (1938) und gleichfalls in den Untersuchungen von WJATKIN gewonnen.

Eine experimentelle Unterstützung des Gesichtspunktes über die wichtige Rolle der oxydierenden Fermente der Zelle bei Äußerungen der Widerstandsfähigkeit wurde in letzter Zeit ebenfalls auch beim Studium der Widerstandsfähigkeit von Citrusfrüchten erhalten (RUBIN, ARZICHOWSKAJA und IWANOWA, 1948).

Es zeigte sich auch in diesem Fall, daß vom Gesichtspunkte der Reaktion der Widerstandsfähigkeit dieser Objekte aus eine entscheidende Bedeutung denjenigen Umwandlungen beim oxydativen Gasaustausch zukommt, die als Ergebnis einer Infektion in den Geweben der Früchte auftreten. Beispielsweise änderte sich der Atmungszustand der Mandarine, für die gegen Ende der Lagerung (Februar-April) eine herabgesetzte Widerstandsfähigkeit gegenüber Penicillium italicum kennzeichnend ist, fast gar nicht unter der Wirkung des Toxins dieses Schimmelpilzes. Gleichzeitig nahm die Atmung einer Zitrone, die eine hohe Widerstandsfähigkeit zeigte, um das 2—3fache zu. Die Reaktion der Gewebe dieser Objekte, auf eine mechanische Verletzung, wie auch auf einen Sauerstoff-faktor hin, erwies sich in den Frühjahrsmonaten als ebenso unterschiedlich. Die Aktivierung der oxydativen Wirksamkeit und im besonderen die Atmungsverstärkung betrug unter diesen Bedingungen bei der Mandarine kaum 20 bis 25%, während dieser Effekt bei der Zitrone 500 bis 600% erreichte.

Diese Beobachtungen verwertend, gelang es uns, das Bestehen eines gesetzmäßigen Zusammenhanges zwischen der Aktivität des oxydativen Systems und der Widerstandsfähigkeit der Früchte aufzuzeigen. So waren Veränderungen der Atmungsintensität der Citrusfrüchte, je nach ihrem Reifegrad, von entsprechenden Veränderungen in der Widerstandsfähigkeit gegenüber Penicillium italicum begleitet. Beispielsweise ist die Standhaftigkeit der Mandarinen gegenüber Infektion beim Erreichen einer grüngelben Verfärbung am allergrößten. In diesem Reifestadium verfügen die Früchte über den höchsten Stand des Atmungs-Gasstoffwechsels. Der Übertritt in das nächste Stadium des Ausreifens ist durch das Fallen der Intensität der Sauerstoffatmung, wie auch durch eine Minderung der Widerstandsfähigkeit charakterisiert. Ein entsprechendes Bild wird auch beim Reifen der Zitronen beobachtet. Für grüne Früchte ist ein niedriger Grad der Widerstandsfähigkeit gegenüber Penicillium italicum und ein nicht hoher Atmungsstand charakteristisch. Der Eintritt einer hellgelben Verfärbung der Früchte ist nicht nur von einer Atmungsverstärkung, sondern auch von einer Vergrößerung der Widerstandsfähigkeit des Atmungsprozesses gegenüber ungünstigen Einwirkungen begleitet. Als eine der hauptsächlichsten Merkmale dieser Widerstandsfähigkeit kann die recht wesentliche Verzögerung in der Ausbildung eines anaeroben Gasaustausches bei diesen Früchten bei Verlagerung in eine sauerstofffreie Atmosphäre gelten. In demselben Stadium werden die Früchte gegenüber einer Infektion durch Penicillium italicum fast vollständig unempfänglich.

Derselbe Zusammenhang zeigt sich auch in Versuchen mit künstlicher Unterdrückung der oxydativen Umwandlungen. Früchte, die vorher in einer sauerstofffreien Atmosphäre gehalten wurden, oder in einer mit Kohlensäure angereicherten Atmosphäre, erwiesen sich als weniger widerstandsfähig. Die Geschwindigkeit der Infektionsausbreitung über die Gewebe der Schale wächst bei derartigen Früchten im Vergleich zu normalen Früchten um das 2—3fache an.

Die Zusammensetzung der im Inneren der Frucht enthaltenen Gasmenge muß bei Äußerungen der Widerstandsfähigkeit der Früchte als ein wichtiges Kennzeichen für die Untersuchung der Rolle der oxydativen Umwandlungen gelten. Von uns durchgeführte Untersuchungen zeigten, daß das Gasmedium des Fruchtinneren von Citrusfrüchten sich durch einen hohen Kohlensäuregehalt und durch einen herabgesetzten Partialdruck des Sauerstoffes auszeichnet. Infolgedessen ist der aerobe Koeffizient (das Verhältnis Sauerstoff : Kohlensäure) sehr niedrig, beispielsweise für grüne Zitronen gleich 0,5. Je nach dem Ausreifen der Früchte vergrößert sich dieser Koeffizient, was mit dem gleichzeitig beobachteten Anwachsen der Widerstandsfähigkeit übereinstimmt.

In den allerletzten Jahren werden in der Literatur auch Arbeiten erwähnt, die der Untersuchung der Besonderheiten der hydrolytischen Fermente gewidmet sind, wobei in der Mehrzahl der Fälle gezeigt wird, daß der Grad der Widerstandsfähigkeit der Pflanze bei Lagerung um so höher liegt, je niedriger die hydrolytische Aktivität dieser Fermentengruppe der lebenden Zelle ist: Inulase der Zichorie (WJATKIN), Proteinasen der Zuckerrüben (KUPLENSKAJA-PUSCHKINSKAJA), Proteinasen des Kohls (ARZICHOWSKAJA, a. a. O.) usw.

Eine Verstärkung der hydrolytischen Aktivität der Fermente des Kohlenhydrat- und Eiweißstoffwechsels, die als Resultat einer Infektion bei Pflanzen in Erscheinung tritt, wurde von OKNINA (1937), KOKIN (1938), DOROCHOWA (1940), JARKINA (1941), BOGOLJUBOWA (1936), SKWORTZOW (1937), NOWIKOW (1937) und von einer Reihe anderer Autoren beobachtet und untersucht.

Großes Interesse haben auf diesem Gebiet Angaben von JEGOROWA (1941), die darauf hinweist, daß die Zusammensetzung der löslichen, während kalter Lagerung in den Kartoffelknollen sich ansammelnden Zuckerarten sich in enger Abhängigkeit vom Grad der Widerstandsfähigkeit der Sorte befindet.

Die Saccharosemenge ist bei lagerfesten Kartoffelsorten der Menge an Monosacchariden entweder gleich oder sie übersteigt diese, während sie bei nicht lagerfesten Sorten in der Regel dem Gehalt an reduzierenden Zuckern nachsteht.

Im Ergebnis war das Verhältnis $\frac{\text{Saccharose}}{\text{Monose}}$, das im Durchschnitt für nicht widerstandsfähige Sorten 0,56 betrug, bei widerstandsfähigen Sorten 1,17. Wir erhalten demnach im vorliegenden Fall Hinweise auf eine gesteigerte synthetisierende Aktivität der Invertase widerstandsfähiger Kartoffelsorten.

Entsprechende Beobachtungen finden wir in der kürzlich veröffentlichten Arbeit von KURJAWTZEWA, die eine Untersuchung des Zusammenhanges zwischen der fermentativen Aktivität des Weizens mit dem Grade der Widerstandsfähigkeit gegenüber Rost betrifft (KUDRJAWTZEWA, 1940). Nach den Untersuchungen dieses Autors verfügen widerstandsfähige Sorten über eine wesentlich herabgesetzte Aktivität der Proteinasen. Der Autor äußert jedoch im Zusammenhang damit die Annahme, daß eine niedrige hydrolytische Aktivität des Ferments unbedingt mit einer herabgesetzten synthetischen Aktivität zusammenhängen muß. Dieses wurde jedoch durch experimentelle Angaben nicht begründet. Darüber hinaus befindet sich der Autor in einem unversöhnlichen Gegensatz zu vielen Tatsachen, die in der Literatur aus anderen Untersuchungen bekannt sind.

Ein Überblick über die wichtigsten Beobachtungen bei der Gruppe der sogenannten Peroxydase-Pflanzen zeigt, daß auch in diesem Fall Gründe dafür vorliegen, daß das oxydative System des Pflanzenorganismus einen wesentlichen Faktor seines Schutzes gegenüber pathogenen Mikroorganismen darstellt.

Welche der vorher aufgezählten Besonderheiten des Fermentsystems können aber mit der Widerstandsfähigkeit der Pflanzen zusammenhängen und wie ist der vermutliche Mechanismus des betreffenden Zusammenhanges?

Indem man von Gedanken, die zuerst von A. N. Bach aufgerollt und in experimentellen Untersuchungen entwickelt wurden, ausgeht, muß angenommen werden, daß die Hauptrolle unter den vorher erwähnten Besonderheiten des Stoffwechsels innerhalb der Gewebe der Wirtspflanze, ihrem oxydativen System zugeschrieben werden muß. Die Rolle der oxydativen Prozesse wird vor allem durch den großen Einfluß bestimmt, den diese Prozesse auf die Tätigkeit der hydrolytischen Fermente, sowohl der Wirtspflanze selbst, als auch der Hydrolasen des Parasiten, ausüben.

Das oxydative System der Wirtspflanze muß bei den Immunitätsreaktionen eine sehr große Rolle als ein Faktor spielen, durch den die schädlichen Einwirkungen einiger Komponenten des Toxins, die Produkte eines unvollkommenen Zerfalles der Eiweißstoffe und der Kohlenhydrate darstellen, beseitigt werden können. Das Unschädlichmachen wird im gegebenen Fall durch eine weitere Oxydation der Zwischenverbindungen bis zu den endgültigen Zerfallsprodukten erreicht.

Zum Schluß muß man auch die große Bedeutung hervorheben, die oxydative Prozesse bei Kutinisierungserscheinungen der Zellwand bei Neubildung von Schutzgeweben haben müssen. Die kürzlich veröffentlichten Arbeiten von Kurssanowa (1943), wie auch von Prokoschewa (1943) zeigen, daß die Synthese der Elemente des Suberins und des Korkgewebes in engem Zusammenhang mit den oxydierenden Prozessen und im besonderen mit dem Gasaustausch der Gewebe beim Atmen verläuft. Die wichtige Rolle, die dem Widerstand gegenüber einem Eindringen und bei Ausbreitung einer Infektion im Rahmen der Schutzreaktionen der Pflanze gebührt, gibt Veranlassung, dieser Seite der Wirkung oxydativer Prozesse einen wichtigen Platz einzuräumen.

Das oxydative System der Wirtspflanze erlangt im Lichte dieser Tatsachen die Bedeutung einer der wichtigsten Faktoren beim aktiven physiologischen Schutz des Organismus gegenüber einer Infektion.

Die verantwortungsvollste Rolle unter den anderen Triebkräften des oxydativen Systems entfällt auf denjenigen Anteil der Fermente, die mit dem Gasaustausch der Atmung der Pflanzenzelle zusammenhängen.

Vorher wurden bereits Tatsachen gebracht, die darauf hinwiesen, daß als eine der Reaktionen des lebenden Pflanzengewebes gegenüber einer Infektion durch pathogene Mikroorganismen die Atmungsverstärkung dient. Diese Erscheinung wurde in den Versuchen von Kurssanowa (1926), Oparin und Kuplenskaja (1931—1935) eingehend untersucht.

In Abbildung 17, die Arbeiten von Oparin und Kuplenskaja entnommen wurde, ist die Atmungskurve einer sterilen Wurzel der Zuckerrübe den Kurven von infizierten Wurzeln gegenübergestellt. Für die Kontrollwurzel (steril) wurde ein gewöhnliches Atmungsbild mit einem durch den Schnitt verursachten Ansteigen an den ersten Versuchstagen erhalten. Weiterhin zeigt die Atmungskurve der sterilen Wurzel einen gleichmäßigen Verlauf, während die Atmungskurven der infizierten Wurzeln die ganze Zeit über in großen Höhen verlaufen, wobei sie starken Schwankungen unterliegen. Nach Äußerungen der Autoren „fiebert die

Wurzel im wahren Sinne des Wortes und dieses Fiebern ist, wie auch beim tierischen Organismus, ein nach außen in Erscheinung treten des inneren Kampfes, der zwischen Schimmel und Wurzel abläuft".

Eine Aktivierung der Atmung in den Geweben der infizierten Pflanzen beobachteten auch GUTZEWITSCH (1937), RICHTER, DWORETZKAJA und GRETSCHUSCHNIKOW (1929), KOKIN und TUMARINSON (1934) und viele andere.

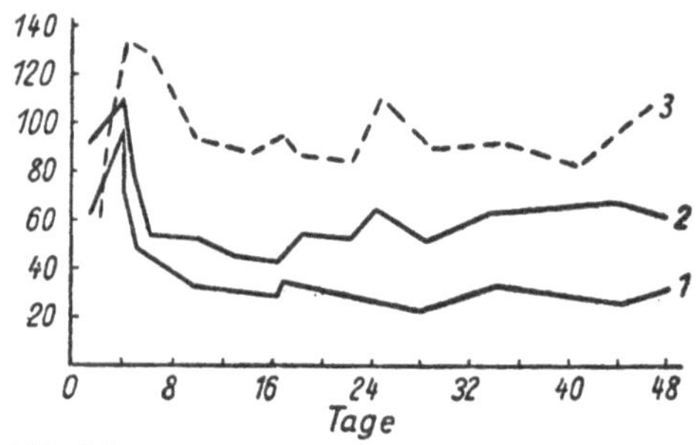

Abb. 17
Atmungskurven der Wurzeln einer sterilen (1) und durch Botrytis cinerea (2) und Foma betae (3) infizierten Zuckerrübe (nach OPARIN und KUPLENSKAJA)

Auf die wichtige Rolle des oxydativen Pflanzensystems als Faktor ihrer Widerstandsfähigkeit weisen auch Ergebnisse unserer Untersuchungen über die Rolle des Höhenfaktors bei der enzymatischen Aktivität der Pflanze (RUBIN, PUSCHKINSKAJA und SOKOLOWA, 1945) hin.

In diesen Versuchen wurde gezeigt, daß mit einem Anstieg der Höhenlage der Anbaustelle die Wirksamkeit der oxydierenden-reduzierenden Triebkräfte in der Zuckerrübe aktiviert wird, die Atmungsintensität erhöht sich und der Grad der Widerstandsfähigkeit der Pflanze gegenüber Botrytis cinerea wächst gleichzeitig an.

In der Tabelle 11 bringen wir einige Zahlen aus dieser Arbeit.

Tabelle 11

Die biochemische Veränderlichkeit der Zuckerrübe im Zusammenhang mit der Höhenlage

Höhe über dem Meeresspiegel	Aktivität der		Atmung (in mg CO_2)	Kutinisierung (Anzahl der kutinisierten Reihen)	% der befallenen Wurzeln	
	Peroxydase	Katalase			stark	schwach
1000 m	18,5	14,5	25,8	1,3	77	12
1500 m	36,0	26,1	27,1	1,4	78	7
2500 m	76,0	40,2	33,6	2,3	33	42

Aus den in der Tabelle gebrachten Beobachtungen ist zu ersehen, daß die Atmungsverstärkung und Vergrößerung der Aktivität der oxydierenden Wurzelfermente mit der Aktivierung der Schutzfunktionen der Pflanze untrennbar zusammenhängen. Eine Zuckerrübe, die in großer Höhenlage herangezogen war, gab bei künstlicher Infektion mit einem Gemisch aktiver Erreger nur einen geringen Prozentsatz an einen starken Befall zeigenden Wurzeln.

Die Kutinisierung, deren Aktivität sich bei einem Anstieg der Höhenlage von 1500 auf 2500 m fast verdoppelt, kann als Äußerung für eine hohe Resistenz der Zuckerrübe dienen.

In dieser Arbeit gelang es nicht, die Wirksamkeit der Hydrolasen im lebenden Objekt und im besonderen der Invertase zu untersuchen. Der starke Anstieg des absoluten und des relativen Anteils der Saccharose, bei fast völligem Verschwinden der Monosaccharide, was durch Analysen von Zuckerrüben aus höheren Lagen gefunden wurde, kann jedoch als unzweifelhafter Beweis dafür dienen, daß ein Höhersteigen in die Berge eine Aktivierung der synthetischen und eine Schwächung der hydrolytischen Fähigkeit der Invertase der Wurzel hervorruft.

Somit haben wir auch in diesem Falle eine experimentelle Bestätigung der Auffassung über die wichtige Rolle der oxydativen Triebkräfte der Zelle bei Äußerungen, die mit ihrer Widerstandsfähigkeit gegenüber Mikroorganismen zusammenhängen.

Beobachtungen, die bei Untersuchung der Eigenschaften von hochalpinen Pflanzen erhalten wurden, erlauben es, bei einer Frage von mehr allgemeiner biologischer Bedeutung zu verweilen.

Wie bereits angegeben, ist eine Verlagerung der Zuckerrübe (und anderer Pflanzen, siehe Grebinski, 1944) in hochalpine Gebiete von einer Aktivierung der Tätigkeit der oxydativen Fermente, von einer Steigerung der Intensität der Sauerstoffatmung, wie auch von einer Verstärkung der synthetischen Tätigkeit der Fermente begleitet.

Es ist bekannt, daß unter dem Einfluß einer Reihe von ungünstigen Verhältnissen (Abkühlung, Vertrocknen) die hydrolytischen Funktionen bei der fermentativen Tätigkeit der Pflanze zu überwiegen beginnen. Eine der Eigenarten des Stoffwechsels von Pflanzen, die gegenüber Trockenheit und Kälte widerstandsfähig sind, besteht in ihrer Fähigkeit, unter hierfür ungünstigen Bedingungen ein Minimum an synthetisierender Wirksamkeit beizubehalten und einer übermäßigen Verstärkung der Prozesse eines hydrolytischen Zerfalles vorzubeugen (Smirnow, 1938; Sissakjan, 1940; Sissakjan und Rubin, 1939). Infolgedessen muß man das Ansteigen der oxydierenden-reduzierenden Aktivität der Gewebe der Pflanze als einen der wirksameren Wege zur Stärkung ihrer Widerstandsfähigkeit im Hinblick ungünstiger Einwirkungen des Welkens und der Abkühlung ansehen.

Gleichzeitig dient die Aktivierung der oxydierenden Fermente den Pflanzen als potentieller Schutz vor Infektion und sichert ihnen einen erfolgreichen Verlauf ihres Kampfes mit den Mikroorganismen.

Die wichtigste Rolle bei dieser Umwandlung des Chemismus der Pflanze gebührt ihrem oxydativen System. Es ist angebracht zu unterstreichen, daß, wie es in Arbeiten unseres Laboratoriums gezeigt wurde, auch der Stand der allgemeinen Produktivität der Pflanze mit diesen Besonderheiten des Chemismus eng zusammenhängt (Rubin und Mitarbeiter, 1936—1945). Diese Tatsache hat insofern großes Interesse, als sie darauf hinweist, daß eine Vervollkommnung des inneren Pflanzenapparates beim Ausleseprozeß nicht irgendein einziges Merkmal, sondern eine Gruppe dieser umfaßt. Indem im besonderen in der Pflanze Eigenschaften herausgebildet werden, die eine energische Anhäufung von plastischen Stoffen unterstützen, vermittelte die Auslese in der Pflanze gleichzeitig Eigenschaften, die ein Überdauern und die Erhaltung der Art unter ungünstigen Lebensbedingungen sicherten.

Die allen bekannte Mannigfaltigkeit der Formen bei höheren Pflanzen und der sie befallenden Mikroorganismen, sowie die außerordentlich starke Variation der Äußerungen der Widerstandsfähigkeit, lassen keinen Zweifel darüber aufkommen, daß auch die physiologischen Grundlagen der Pflanzenresistenz nicht ein und dieselben sind.

Infolgedessen glauben wir die Bedeutung der vorher beschriebenen Gesetzmäßigkeiten nicht verallgemeinern und sie auf andere Äußerungen und Fälle von Widerstandsfähigkeit beziehen zu können.

Unserer Meinung nach zeigen die in diesem Abschnitt angeführten Beobachtungen nur, daß in einer bestimmten Anzahl von Fällen (vorläufig sehr beschränkten) zwischen dem Resistenzgrad der Pflanze und den Eigenarten ihres Fermentsystems sich nicht abstrakte, des inneren Inhaltes beraubte Zusammenhänge zeigen, sondern Zusammenhänge, deren konkreter Sinn von der allgemeinphysiologischen Seite vollkommen erklärlich ist. Gerade hierdurch wird die Notwendigkeit der Fortsetzung der Arbeiten in einer Richtung unterstrichen, die einst erkannt wurde und nicht selten auch jetzt noch als abstrakt und als wenig aussichtsreich angesehen wird.

Abschließende Betrachtungen

Die Betrachtung der Tatsachen über die Frage der inneren biochemischen Schutzfaktoren des pflanzlichen Organismus gegenüber einer Infektion ermöglichen es, sich davon zu überzeugen, daß dieses Gebiet wenig erforscht ist. In den ersten Anfängen wurde die Untersuchungsrichtung über die Frage der inneren Merkmale der Widerstandsfähigkeit der Pflanzen durch die sogenannte chemotrope Theorie bestimmt. Das Bestreben, die Widerstandsfähigkeit der Pflanze mit den Besonderheiten ihrer chemischen Zusammensetzung, die sich unabhängig von der Einwirkung eines pathogenen Mikroorganismus bildeten, zu verbinden, erschien in diesen Arbeiten als grundlegende Linie. Auf analogem Wege ging die Suche nach einem Zusammenhang zwischen der Widerstandsfähigkeit und den Merkmalen der Aktivität dieses oder jenes Fermentes.

Das Suchen nach Korrelationen hatte auch in dieser Periode größtenteils einen zufälligen und abstrakten Charakter. Versuche, in das Wesen derjenigen Zusammenhänge einzudringen, die aufzufinden waren, wurden fast gar nicht unternommen. Auch die Fermente, die fast stärksten inneren Faktoren der Dynamik des lebenden Organismus, erlangten bei einer derartigen Inangriffnahme dieser Arbeiten den Charakter von statischen Merkmalen irgendeiner Pflanzeneigenschaft und erwiesen sich als abgeschnitten von den Hauptfunktionen, der Regulierung des zellularen Stoffwechsels.

Ein noch größerer Fehler der Arbeiten dieser Periode war es, daß sie nicht auf der Untersuchung der Wechselwirkung zwischen Wirt und Parasit aufgebaut waren, sondern hauptsächlich auf dem Studium der Eigenschaften des einen Partners, nämlich der höheren Pflanze, beruhten. Die Untersuchung des Merkmals der Widerstandsfähigkeit vollzog sich somit ohne Zusammenhang mit der Infektion, d. h. unter Bedingungen, welche die Möglichkeit der Äußerung von Eigenschaften der Widerstandsleistung durch die Pflanze ausschloß. Das Problem der Widerstandsfähigkeit wurde gesondert von den Äußerungen der Widerstandsfähigkeit selbst untersucht. In denjenigen Fällen aber, wo eine Untersuchung der kranken Pflanze erfolgte, wurde ein grundsätzlicher Fehler zugelassen, der darin bestand, daß der Chemismus der gesunden Pflanze mit dem Chemismus einer widerstandsfähigen Pflanze, derjenige einer kranken Pflanze aber mit dem Chemismus einer nicht standhaften Pflanze identifiziert wurde. Hierbei berücksichtigte man nicht die Ausbildung einer neuen Eigenschaft, die in einer Pflanze, die von einer Infektion befallen wird, in Erscheinung treten kann.

Unsichere, sich nicht selten widersprechende Ergebnisse, die für eine große Anzahl von Untersuchungen, die auf der chemotropen Theorie beruhten, kennzeichnend waren, können im Zusammenhang damit schwerlich als unerwartet gelten. Im Grunde genommen sind biochemische, über die Frage der Natur der Widerstandsfähigkeit der Pflanze durchgeführte Arbeiten vorläufig noch recht wenig zahlreich und zeigen einheitlich, daß die Widerstandsfähigkeit nicht als eine gewisse passive Eigenschaft des Organismus und nicht als sein allgemein bekannter Zustand charakterisiert werden kann.

Die Widerstandsfähigkeit muß als ein aktiver physiologischer Prozeß, als Norm der Reaktion der Pflanze auf eine Infektion hin angesehen werden. Und tatsächlich muß das Eindringen der Hyphen des Parasiten in die Pflanzenzellen und die Ausbildung eines Kontaktes zwischen denjenigen physiologisch-aktiven Stoffen, die von der Pflanze ausgeschieden werden, und dem lebenden Stoff der Zelle eine ganze Reihe von Reaktionen seitens der Pflanze als Gegenwirkung auf diesen Eingriff hin hervorrufen. Die Gesamtheit dieser Reaktionen und deren Charakter stellen auch das Wesen dessen dar, was unter dem Namen „Widerstandsfähigkeit", „Widerstandsleistung", „Empfänglichkeit" und unter „Anfälligkeit" bekannt ist.

Zytologische Untersuchungen zeigen, daß die Pflanze im Kampf mit dem Parasiten nicht nur von bei ihr bereits vorhandenen Besonderheiten, sondern vor allem von den nützlichen Eigenschaften Gebrauch macht, die in ihr als Gegenreaktionen auf eine Infektion hin entstehen und die vor der Infektion der Pflanze nicht zur Verfügung standen. Gerade deswegen erwiesen sich auch Versuche, die Widerstandsfähigkeit mit irgendeinem Merkmal der chemischen Zusammensetzung der Pflanze und mit dem Anteil des einen oder des anderen Stoffes in ihr zu verbinden, als so wenig erfolgreich.

Die Widerstandsfähigkeit erscheint als Äußerung aller Eigenschaften und Eigenarten der lebenden Zelle und nicht von Einschlüssen einzelner Zellen.

Auf das Eindringen eines Pilzes in die Zelle reagieren nicht organische Säuren oder Glukoside, nicht ein Zucker oder Bios, nicht Peroxydase oder Sistoamylase, sondern es reagiert die lebende Zelle als Ganzes mit allen komplizierten und vielseitigen Äußerungen ihrer Lebenstätigkeit.

Daher kann und muß die Rolle eines jeden Bestandteiles der Zelle bei Schutzreaktionen der Pflanze nur unter Zugrundelegung des allgemeinen Chemismus des Organismus betrachtet werden, und dabei im unbedingten Zusammenhang mit denjenigen Umwandlungen, die unter der Einwirkung einer bestimmten Infektionsart sich im Verlauf der chemischen Reaktionen ausbilden.

Die Arbeiten des letzten Jahrzehntes überzeugen immer mehr davon, daß die Eigenschaften der aktiven physiologischen Widerstandsleistung der Pflanze auf der Fähigkeit beruhen, Schutzreaktionen als Gegenwirkung auf eine Infektion hin einzuleiten und in ihren Geweben Schutzstoffe zu bilden.

Es ist unbestritten, daß diese Fähigkeit die allgemeinen Besonderheiten des Stoffwechsels der Wirtspflanze widerspiegelt und eine Folge der Aktivität und Wirkungsrichtung ihrer Fermente ist. Gerade hierin muß der nicht zu bezweifelnde Zusammenhang zwischen der Widerstandsfähigkeit der Pflanze einerseits und ihren biochemischen Eigenschaften andererseits gesucht werden.

Im Grunde genommen wurde erst in den allerletzten Jahren begonnen, biochemische Methoden bei Untersuchungen des Problems der Widerstandsfähigkeit anzuwenden. Wie unbedeutend die Ergebnisse der ersten Schritte, die in dieser Richtung gemacht wurden, auch sein mögen, sie lassen immerhin weitere Untersuchungen auf diesem schwierigen und wichtigen Gebiet als genügend aussichtsreich erscheinen.

Literatur

Арциховская, Е., Микробиология (ARZICHOWSKAJA, JE., Mikrobiologie), **15**, 4, 47, 1946.

Арциховская, Е. и Рубин, Б., Докл., ВАСХНИЛ (ARZICHOWSKAJA, JE. und RUBIN, B., Berichte der Allunions Lenin Akademie für Landwirtschaftswissenschaften), Heft 1, 61; Heft 5, 295, 1937.

Бах, А., Журн. Русск. физ.-хим. о-ва (BACH, A., Journal der russischen physikalisch-chemischen Gesellschaft), **44**, Heft 2, 1912.

Бах А. и Энгельгардт, В., Тр. Хим. ин-та им. Карпова (BACH, A. und ENGELHARDT, W., Arbeiten des Karpowininstitutes für Chemie), **2**, 11, 1901.

Войсен-Иенсен, П., Ростовые гормоны растений. СХГИЗ (BOISSEN-JENSEN, P., Die Wachstumshormone der Pflanzen. Landwirtschaftlicher Staatsverlag), Moskau 1937.

Боголюбова, В., Итоги научнс-иссл. работ ВИЗР за 1935 г. (BOGOLJUBOWA, W., Ergebnisse wissenschaftlicher Untersuchungsarbeiten des WISR 1935), 240, 1936.

Бунина А., Тр., Рамонской станции Главсахара (BUNINA, A., Arbeiten der Ramonsker Versuchsstation der Zuckerzentrale „Glawssachar"), Nr. 19, 1929.

—, сб. «Хранение сахарной свеклы» (Sammelwerk „Die Aufbewahrung der Zuckerrübe"), S. 359, 1931.

—, Сб. работ Биохимич. сект. ЦИНС (Sammelwerk der biochemischen Sektion ZINS), **3**, 72, 1933.

Вернер, А. и Клинг, Е., Тр. Комиссии по ирриг (WERNER, A. und KLING, E., Arbeiten der Bewässerungskommission), **3**, 127, 1934.

Веселова, А., Итоги науч.-иссл. работ ВИЗР за 1935 г. (WESSELOWA, A., Ergebnisse wissenschaftlicher Untersuchungsarbeiten des WISR **1935**), 494, 1936.

Гребинский, С., Успехи совр. биологии (GREBINSKI, Ss., Fortschritte der gegenwärtigen Biologie), **18**, 2, 165, 1944.

Гречушников, А., ДАН СССР (GRETSCHUSCHNIKOW, A., Berichte der Akademie der Wissenschaften der UdSSR), **2**, 8, 1936;

—, Сб. памяти академика Любименко АН УССР (Sammelwerk zum Andenken an das Akademiemitglied Ljubimenko der Akad. der Wiss. der Ukrain-SSR), 309, 1938;

—, ДАН СССР (Berichte der Akademie der Wissenschaften der UdSSR), **25**, 685, 1939.

Гуцевич, С., К физиологии больного растения. Изд. Ленингр. Гос. универ. (Zur Frage der Physiologie der kranken Pflanze. Verlag der Leningrader Staatlichen Universität), 1937.

Дорохова, Н., Труды Ин-та физиол. раст. им. Тимирязева (DOROCHOWA, N., Arbeiten des Timirjasew-Institutes für Pflanzenphysiologie), **3**, Heft 1, 189, 1940.

Дунаевский, Ф., Журн. общ. биол. (DUNAJEWSKI, F., Journal für allgemeine Biologie), **4**, 345, 1943.

Егорова, Г., Вестн. соц. растениеводства (JEGOROWA, G., Nachrichten des sozialistischen Pflanzenbaues), Heft 2, 1941.

Жуковский, П., Труды Моск. с.-х. акдемии им. Тимирязева (SHUKOWSKI, P., Arbeiten der Moskauer landwirtschaftlichen Timirjasew-Akademie), **6**, 1, 1945.

Залесский, В. и Васюта, О., Микробиология (SALESSKI, W. und WASSJUTA, O., Mikrobiologie), **2**, 155, 1933.

Израильский, В., Успехи совр. биологии (ISRAILSKI, A., Fortschritte der gegenwärtigen Biologie), **19**, Heft 3, 358, 1945.

Имшенецкий, А., Успехи совр. биологии (IMSCHENETZKI, A., Fortschritte der gegenwärtigen Biologie), 21, 45, 1946.

Каляев, А., Проблемы иммунитета культурных растений. Тр. Майской сессии 1935 г. АН СССР. (KALJAJEW, A., Imunitätsprobleme der Kulturpflanzen, Abhandlungen der Maitagung 1935 Akademie der Wissenschaften der UdSSR), 42, 1936.

Канаш, С., Агробиология (KANASCH, S., Agrobiologie), Nr. 6, 84, 1947.

Карбонэ, Д. и Арнауди, К., Иммунитет у растений. СХГИЗ, М. (CARBONE, D. und ARNAUDI, K., Die Immunität bei Pflanzen, Landwirtschaftlicher Staatsverlag, Moskau), 1937.

Каргополова, Н., Сб. «Иммунитет с.-х. растений к болезням и вредителям», ВАСХНИЛ, (KARGOPOLOWA, N., Sammelwerk „Die Immunität der landwirtschaftlichen Pflanzen gegenüber Krankheiten und Schädlingen". Allunions Lenin-Akademie für Landwirtschaftswissenschaften), S. 179, 1937.

Каспарова, С., Изв. АН СССР, сер. биологич. (KASSPAROWA, S., Mitteilungen der Akademie der Wissenschaften der UdSSR, biologische Serie), Nr. 2, 381, 1938; Биохимия (Biochemie) 3, 231, 1938.

Кезели, Т. и Джапаридзе, Л., Сообщ. АН Груз. ССР (KESELI, T. und DSHAPARIDSE, L., Mitteilungen der Akademie der Wissenschaften der Grusinischen SSR), 5, 7, 1944;

—, Тезисы докл. и сообщ. III. Всес. вит. конф. (Leitsätze der Berichte und Mitteilungen der III. Allunions Vitaminkonferenz), 1942.

Кирсанова, В., Биохимия (KIRSSANOWA, W., Biochemie), 1, 386, 1936.

Кокин, А., Ржавчина зерновых култур СХГИЗ (KOKIN, A., Der Rost der Getreidekulturen, Landwirtschaftlicher Staatsverlag) S. 210; 1939;

—, Сб. памяти акад. Любименко АН УССР (Sammelwerk zum Andenken an den Akademiker Ljubimenko, Akademie der Wissenschaften der Ukrainischen SSR), 329, 1938.

Кокин, А. и Тумарисон, Х., Тр. по защите раст. (KOKIN, A. und TUMARISON, CH., Arbeiten über Pflanzenschutz), Serie II, Heft 6, 5, 1934.

Красильников, Н., Журн. общ. биолог. (KRASSILNIKOW, N., Journal für allgemeine Biologie), 8, 53, 1947).

Кудрявцев, В., ДАН СССР (KUDRJAWZEW, W., Berichte der Akademie der Wissenschaften der UdSSR), 19, 513, 1938.

Кудрявцева, М., Вестн. защиты растений (KUDRJAWZEWA, M., Mitteilungen über Pflanzenschutz), Nr. 3, 105, 1940.

Купревич, В., Физиология больного растения, Изд. АН СССР (KUPREWITSCH, W., Die Physiologie der kranken Pflanze. Verlag der Akademie der Wissenschaften der UdSSR), 1947.

Курсанов, А., Болезни растений (KURSSANOW, A., Pflanzenkrankheiten), Nr. 2, 57, 1926;

—, Биохимия (Biochemie), 8, 108, 1943.

Курсанов, Л. и Медведева, С., Бюлл. Моск. о-ва испыт.природы, Отд. биологии (KURSSANOW, L. und MEDWEDJEWA, S., Bulletin der Moskauer Gesellschaft zur Erforschung der Natur, Abtlg. für Biologie), 47, 119, 1938.

Лебедев, Д., Природа (LEBEDJEW, D., Die Natur), Nr. 9, 76, 1947.

Мальченко-Дьяконова, О., Итоги научн.-иссл. работ ВИЗР за 1935 г. (MALTSCHENKO-DJAKONOWA, O., Ergebnisse der wissenschaftlichen Forschungsarbeiten des Allunioninst. für Pflanzenschutz für 1935), S. 545, 1936.

Медведева, С., ДАН СССР (MEDWEDJEWA, S., Berichte der Akademie der Wissenschaften der UdSSR), 15, Nr. 8, 1937.

Михлин, Д., Пероксиды и пероксидазы. Изд. АН СССР (MISCHLIN, D., Peroxyde und Peroxydasen. Verlag der Akademie der Wissenschaften der UdSSR), 1948.

Наумов, Н., Сб. ВИЗР (NAUMOW, N., Sammlung des Allunioninst. für Pflanzenschutz), 4, 49, 1932;

—, Советская ботаника (Sowjetische Botanik), 8, 75, 1939.

Нилова, В. и Егорова, Г., Доклады ВАСХНИЛ (NILOWA, W. und JEGOROWA, G., Berichte der Allunions Lenin-Akademie für Landwirtschaftswissenschaften), 1, 34, 1948.

Нилова, В., Свойская, В. и Иконникова, А., Доклады ВАСХИЛ (NILOWA, W., SWOISKAJA, W. und IKONNIKOWA, A., Berichte der Allunions Lenin-Akademie für Landwirtschaftswissenschaften), 1, 39, 1948.

Новиков, В., ДАН СССР (Nowikow, W., Berichte der Akademie der Wissenschaften der UdSSR), **15**, 1, 53, 1937.

Овчаров, К., ДАН СССР (Owtscharow, K., Berichte der Akademie der Wissenschaften der UdSSR), **16**, Nr. 9, 1937;

—, Сб. научн. работ комсомольцев-биологов АН СССР (Sammlung wissenschaftlicher Arbeiten der Komsomolzen-Biologen, Akademie der Wissenschaften der UdSSR), 49, 1940.

Окнина, Е., Тр. Ин-та физиол. раст. им. Тимирязева (Oknina, Je., Arbeiten des Timirjasew Instituts für Pflanzenphysiologie), **2**, 83, 1937.

Опарин, А. и Пушкинская-Купленская, О., Сб. «Хранение сахарной свеклы» (Oparin, A. und Puschkinskaja-Kuplenskaja, O., Sammelwerk „Die Aufbewahrung der Zuckerrübe“), S. 17, 1931;

—, Проблемы иммунитета культурных растений. Тр. майской сессии АН СССР, изд. АН СССР (Immunitätsprobleme der Kulturpflanze. Arbeiten der Maitagung der Akademie der Wissenschaften der UdSSR. Verlag der Akademie der Wissenschaften der UdSSR), 1930, S. 60.

Прокошев, С., Биохимия (Prokoschew, S., Biochemie), **8**, 2—3, 124, 1943;

—, Биохимия картофеля. Изд. АН СССР (Die Biochemie der Kartoffel. Verlag der Akademie der Wissenschaften der UdSSR), 1947.

Проскуряков, Н., Микробиология (Prosskurjakow, N., Mikrobiologie), **5**, 32, 1936.

Рихтер, А., Дворецкая, Е. и Гречушников, А., Журн. оп. агрон. Ю.-В. (Richter, A., Dworetzkaja, Je. und Gretschuschnikow, A., Journal für experimentelle Landwirtschaft des Süd-Ostens), **7**, Heft 2, 1929.

Рихтер, А. и Сухоруков, К. Изв. АН СССР, се . биологич. (Richter, A. und Suchorukow, K., Mitteilungen der Akademie der Wissenschaften der UdSSR, Biologieserie), Nr. 6, 847, 1931.

Рохлина, Э., Тр. по защите растений. Сб работ по киле капусты, ВАСХНИЛ, (Rochlina, E., Arbeiten über Pflanzenschutz. Sammlung von Arbeiten über Kohlhernie Allunions Lenin-Akademie für Landwirtschaftswissenschaften), Serie 2, Heft 3; 1933;

—, Болезни картофеля. Тр. Ин-та картоф. хоз-ва, (Kartoffelkrankheiten. Arbeiten des Instituts für Kartoffelwirtschaft), Nr. 1, 85, 1935.

Рубин, Б., Биохимия (Rubin, B., Biochemie), **1**, 4, 467, 1936;

—, Тр. майской сессии АН СССР (Arbeiten der Maitagung der Akademie der Wissenschaften der UdSSR), S. 76, 1936;

—, Изв. АН СССР (Mitteilungen der Akademie der Wissenschaften der UdSSR), **6**, 1755, 1937;

—, Биохимические основы хранения овощей. Изд. АН СССР (Die biochemischen Grundlagen der Gemüselagerung. Verlag der Akademie der Wissenschaften der UdSSR), 1939;

—, Хранение сахарной свеклы, Пищепромизат (Die Aufbewahrung der Zuckerrübe, Verlag für Lebensmittelindustrie), 1946;

—, Вестн. по овощеводству и картофелю (Mitteilungsblatt für Gemüse- und Kartoffelbau), Nr. 4, 31, 1940;

—, Тр. совещания, посв. 50-летию перекисной теории медленного окисления А. Н. Баха. Изд. АН СССР (Abhandlungen der Tagung, die dem 50. Jahrestag der Superoxydtheorie der langsamen Oxydierung von A. N. Bach gewidmet war. Verlag der Akademie der Wissenschaften der UdSSR), 1946, S. 75;

—, Агробиология (Agrobiologie), Nr. 4, 128, 1947.

Рубин, Б. и Арциховская, Е., ДАН СССР (Rubin, R. und Arzichowskaja, Je., Berichte der Akademie der Wissenschaften der UdSSR), **27**, 64, 1940.

Рубин, Б., Арциховская, Е. и Иванова, Т., ДАН СССР (Rubin, B., Arzichowskaja, Je. und Iwanowa, T., Berichte der Akademie der Wissenschaften der UdSSR), **59**, Nr. 8, 1469, 1948; **60**, Nr. 3, 1948.

Рубин, Б., Арциховская, Е. и Проскурникова, Т., Биохимия (Rubin, B., Arzichowskaja, Je. und Prosskurnikowa, T., Biochemie), **12**, 2, 1947.

Рубин, Б., Арциховская, Е. и Спиридонова, Н., Биохимия (Rubin, B., Arzichowskaja, Je. und Spiridonowa, N., Biochemie), **4**, Nr. 3, 268, 1939.

Рубин, Б., Арциховская, Е., Спиридонова, Н. и Лутикова, О., Биохимия (RUBIN, B., ARZICHOWSKAJA, JE., SPIRIDONOWA, N. und LUTIKOWA, O., Biochemie), **4**, 3, 260, 1939; **10**, 54, 1945.

Рубин, Б. и Лутикова, О., ДАН СССР (RUBIN, B. und LUTIKOWA, O., Berichte der Akademie der Wissenschaften der UdSSR), **17**, Nr. 5, 251, 1937;

—, Биохимия (Biochemie), **2**, 423, 1937;

—, ДАН СССР (Berichte der Akademie der Wissenschaften der UdSSR), **27**, 34, 1940;

—, ДАН СССР (Berichte der Akademie der Wissenschaften der UdSSR), **31**, 675, 1941.

Рубин, Б. и Наумова, Л., Докл. ВАСХНИЛ (RUBIN, B. und NAUMOWA, L., Berichte der Allunions-Lenin Akademie für Landwirtschaftswissenschaften), **1—2**, **3**, 49, 1936.

Рубин, Б., Пушкинская, О. и Соколова, В. (Трупп, В.) Биохимия (RUBIN, B., PUSCHKINSKAJA, O. und SOKOLOWA, W. [Trupp, W.] Biochemie), **10**, 5—6, 365, 1945.

Рубин, Б. и Спиридонова, Н., Биохимия (RUBIN, B. und SPIRIDONOWA, N., Biochemie), **5**, 2, 208, 1940.

Рубин, Б. и Трупп, В., ДАН СССР (RUBIN, B. und TRUPP, W., Berichte der Akademie der Wissenschaften der UdSSR), **3**,Nr. 5, 225, 1935;

—, Тр. Лабор. агрох. и биох. овощей ВНИИОХ (Arbeiten des Laboratoriums für Agrochemie und Biochemie des Gemüses) S. 134, 1936;

—, Тр. по прикладн. ботан., генет. и селекции (Arbeiten über angewandte Botanik, Genetik und Selektion), Serie III, 15, 123, 1936.

Рыжков, В., Природа фильтрующихся вирусов (RYSHKOW, W., Die Natur der filtrierbaren Viren), 1939;

—, Основы учения о вирусных болезнях растений. М. (Die Grundlagen der Lehre über Viruskrankheiten der Pflanzen, Moskau), 1944.

Сент-Гиорги, А., Биохимия (SZENT-GYORGYI, A., Biochemie), **2**, 151, 1937.

Сисакян, Н., Биохимическая характеристика засухоустойчивости растений. Изд. АН. СССР (SISSAKJAN, N., Die biochemische Charakteristik der Dürrefestigkeit der Pflanzen. Verlag der Akademie der Wissenschaften der UdSSR), 1940.

Сисакян, Н. и Рубин, Б., Биохимия, (SISSAKJAN, N. und RUBIN, B., Biochemie), **4**, 149, 1939.

Скворцов, С., Итоги научн.-иссл. работ ВИЗР за 1936 г., (SKWORZOW, S., Ergebnisse wissenschaftlicher Forschungsarbeiten in der WISR 1936), 87, 1937.

Смирнов, А., Физиологические основы обработки табачного сырья. Краснодар (SMIRNOW, A., Die physiologischen Grundlagen der Bearbeitung des Rohtabaks, Krassnodar), 1938.

Строганов, Б. ДАН СССР (STROGANOW, B., Berichte der Akademie der Wissenschaften der UdSSR), **29**, Nr. 8—9, 624, 1940;

—, Изв. АН СССР, серия биолог. (Mitteilungen der Akademie der Wissenschaften der UdSSR), Nr. 6, 777, 1947.

Сухоруков, К., Журн. оп. агр. Юго-Востока (SUCHORUKOW, K., Journal für experimentelle Landwirtschaft des Süd-Ostens), **8**, 2, 237, 1930;

—, Ржавчина зерновых культур (Der Rost der Getreidekulturen), 204, Moskau 1932;

—, Тр. Ин-та физиологии растений АН СССР (Arbeiten des Instituts für Pflanzenphysiologie der Akademie der Wissenschaften der UdSSR), **2**, 1, 117, 128 und 129, 1937.

Сухоруков, К., Гербер, Э., Барабанова, Г., Бородулина, Н., Учен. записки Саратовск. ун-та (SUCHORUKOW, K., GERBER, E., BARABANOWA, G. und BORODULINA, N., Wissenschaftliche Schriften der Universität Saratow), **10**, 1, 106, 1933.

Сухоруков, К., Клинг, Е. и Овчаров, К., ДАН СССР (SUCHORUKOW, K., KLING, JE. und OWTSCHAROW, K., Berichte der Akademie der Wissenschaften der UdSSR) **18**, Nr. 8, 507, 1938.

Сухоруков, К. и Незговоров, Л. ДАН СССР (SUCHORUKOW, K. und NJESGOWOROW. L., Berichte der Akademie der Wissenschaften der UdSSR), **27**, Nr. 1, 30, 1940.

Сухоруков, К. и Овчаров, К., ДАН СССР (SUCHORUKOW, K. und OWTSCHAROW, K., Berichte der Akademie der Wissenschaften der UdSSR), **14**, Nr. 6, 393, 1937.

Сухоруков, К. и Строганов, Б., ДАН СССР (SUCHORUKOW, K. und STROGANOW, B., Berichte der Akademie der Wissenschaften der UdSSR), **15**, Nr. 9, 555, 1937.

Токин, Б., Бактерициды растительного происхождения (фитонциды) TOKIN, B., Die Bakteriziden pflanzlicher Herkunft [Phytoncide]), Moskau 1942;

—, Природа (Die Natur), Nr. 4, 29, 1946.

Траншель, В., Обзор ржавчинных грибов. Изд. АН СССР (TRANCHELL, W., Überblick über die Rostpilze. Verlag der Akademie der Wissenschaften der UdSSR), 1939.
Трупп, В., Сб. работ лабор. биохимии НИОХ (TRUPP, W., Sammlung der Arbeiten des Laboratoriums für Biochemie des NIOCh), **1**, 121, 1936.
Федотова, Т., Защита растений (FEDOTOWA, T., Der Pflanzenschutz), **1**, 115, 1935.
Шевченко, В., Микробиологический метод отбора на устойчивость к кагатной гнили у сахарной свеклы. Изд. ВНИТО сах. пром. (SCHEWTSCHENKO, W., Die mikrobiologische Auswahlmethode auf Widerstandsfähigkeit gegen Wurzelfäule bei Zuckerrüben. Verlag der Allunions-wissenschaftlichen-ingenieurtechnischen Gesellschaft der Zuckerindustrie), 1939.
Эльпидина, О., ДАН СССР (ELPIDINA, O., Berichte der Akademie der Wissenschaften der UdSSR), **3**, Nr. 8, 361, 1935.
Янова, Н., Итоги научн.-иссл. работ ВИЗР за 1935 г. (JANOWA, N., Ergebnisse wissenschaftlicher Forschungsarbeiten des WISR), 1935, 496, 1936.
Яркина, А., Доклады, ВАСХНИЛ (JARKINA, A., Berichte der Allunions Lenin-Akademie für Landwirtschaftswissenschaften), Heft 9, 29, 1941.

ALLEN, R. J., agric. Res. **23**, 131, 1923; **33**, 201, 1926; **34**, 697, 1927.
ARONESCU, A., Bull. Torrey Bot. Club. **61**, 291, 1934.
ARRHENIUS, O., Z. Pflanzenkrankh. **34**, 97, 1924.
ASAI, T., J. Agric. Chem. Soc. Japan **13**, 1165, 1937.

BANGA und PHILIPPOT, H., Z. Physiol. Chem. **258**, 147, 1939.
DEBARY, A., Vergl. Morph. u. Physiol. der Pilze. Leipzig, 1884; Bot. Z. **44**, 377, 1886.
BAVENDAMM, W., Zbl. Bacteriol Abt. 2, **75**, 426; **76**, 172, 1928.
BERGER, J., JOHNSON, M. und PETERSON, W., Enzymologia **4**, 31, 1937; Biol. Chem. **124**, 395, 1938; J. Bact. **36**, 521, 1938.
BIRKINSHAW, J., Biol. Rev. biol. Proc. Cambridge philos. Soc. **12**, 357, 1937.
BIRKINSHAW, J., BRACKEN, A. und FINDLAY, W., Biochem. J. **38**, 131, 1944.
BOSE, S. und SARKER, S., Proc. Roy. Soc. London (B) **123**, 193, 1937.
BOLYE, C., Ann. Bot. **35**, 337, 1921.
BRAUN, A., Stapp. Z. Bucterial. Abt. 2, **97**, 177, 1937; Amer. J. Bot. **29**, 683, 1942.
BROWN, W., Ann. Bot. **29**, 313, 1915; **30**, 399, 1916; New Phytologist **16**, 109, 1917; Ann. Bot. **31**, 489, 1917; Ann. Bot. **36**, 101, 285, 1922; Trans. Brit. Myc. Soc. **19**, 11, 1934; Bot. Rev. **2**, 236, 1936.
BROWN, W. und HARVEY, C., Ann. Bot. **41**, 643, 1927.
BULLER, A., Ann. Bot. **20**, 49, 1906.
BUNZEL, H., Biochem. Z. **50**, 185, 1913; J. Agr. Res. **15**, 377, 1913.

CALDWELL, J., Ann. Appl. Biol. **18**, 279, 1931.
COLIN, H., Hydrolise de quelques polysacharides par le Botrytis Cinerea. Paris, 1911.
COMES, H., Ann. Scoula Sup. Agr. Portici. Ser. II, **12**, 1914.
COOK, M. und BASETT, H., Science **33**, 624, 1911.
COOK, M. und TAUBENHAUS, J., Del. Agr. exp. Sta. Bull. **91**, 1, 1911; **97**, 1, 1912.
COOK, M. und WILSON, G., New Gersea Agr. exp. Sta. Bull. **291**, 1916.
CURTIS, K., Ann. Bot. **42**, 39, 1928.

DEKKER, Die Gerbstoffe, Berlin, 291, 1913.
MCDOUGAL, D. und DUFRENOY, J., Plant. Physiol. **21**, 1, 1946.
DOX, A., U.S. Dep. Agr. Bur. Animal Industry Bull. 120, 1910.
DUFRENOY, J., Rev. Gen. Sci. **29**, 565, 1918; 10. Congr. intern. d'horticult. Paris 94, 1932; Rev. Bot. Appl. Agric. **14**, 442, 1934; Amer. J. Bot. **23**, 70, 1936; Rapport du III Congr. intern. de patholog. comp. **1**, 16, 24, 1936; Biodinamica **5**, 309, 1945.
DUFRENOY, J. et HUMPHREU, B., Rev. Canad. Biol. **3**, 305, 1944.

EDGERTON, C. and CARVAJOL, F., Phytopathol. **34**, 827, 1944.
EGLITS, M., Phytopathol. Z. **5**, 343, 1933.
EMMONS, C., Bull. Torrey Bot. Club **57**, 421, 1930.
EVANS, H., Sugar. **38**, 43, 1943.
EZEKIEL, W. und FUDGE, J., J. agric. Res. **56**, 40, 733, 1938.
FALK, K., Science **81**, 107, 1935.

Fischer, E. u. Gäumann, E., Die Biologie der pflanzenbewohnenden parasitischen Pilze. Jena. 428 S., 1928.
Fleming, A., Brit. J. exp. Path. **10**, 226, 1929.
Foister, J., Bot. Rev. **1**, 497, 1935; **5**, 203, 1939.
Foister, J., Woudruff, H. a. McDaniel, L., J. Bacteriol. **46**, 421, 1943.
Franke, W. und Deffuer, M., Liebigs Ann. Chem. **541**, 117, 1939.

Gäumann, E., Z. Bot. **25**, 385, 1932; Rapport du III Congr. intern. de patholog. comp. I, 39, 1936; Phytopathol. **36**, 624, 1946; Plant. Infectionslehre. Burkhäuser, Basel, 1946; Helv. Chim. Acta **30**, Nr. 1, 24, 1947.
Gerhardt, F. und Ezell, B., J. agric. Res. **58**, 493, 1939.
Gibbson, J., New Phytologist. **3**, 184, 1904.
Giese, A. und Tatum, E., Collecting Net. **17**, 86, 1942; Arch. Biochem. **9**, Nr. 1, 1, 1945.
Golding, N., J. Dairy Sci. **28**, 773, 1945.
Gorbach, G., Arch. Microbiol. **1**, 537, 1930.
Gottlieb, D., Phytopathol. **33**, 1111, 1943; **34**, 41, 1944.
Gottlieb, D. und Hart, H., Phytopathol. **33**, 724, 1943.
Gould, B. und Tytell, A., J. gen. Physiol. **24**, 655, 1941.
Graf-Marin, A., Cornell Agr. Exp. Sta. Mem. **157**, 48, 1934.
Grassmann, W. und Rubenbauer, H., Münch. med. Wschr. **78**, 1817, 1931.
Grassmann, W., Zechmeister, L., Totsch, G. and Stadler, R., Liebigs Ann. Chem. **503**, 167, 1933.
Greathouse, G. uod Rigler, N., Amer. J. Bot. **27**, 99, 1940.
Gupta, G. und Guha, B., Ann. Biochem. exp. Med. **1**, 14, 1941.

Harter, L. und Weimer, J., J. agric. Res. **22**, 371, 1921; **24**, 861, 1922; **30**, 961, 1925.
Hawkins, L. und Harvey, L., J. agric. Res. **18**, 275, 1920.
Haymaker, H., J. agric. Res. **36**, 697, 1928.
Hestrin, S., Ensimologia **8**, 193, 1940.

Irving, G., Fontaine, T. and Doolittle, S., Science **102**, 9, 1945.
Ivanovicz, G. und Horvath, S., Nature **160**, 297, 1947.

Jengar, V., Ind. Inst. Sci. **20** A, 1, 1937.
Johnston, C., Phytopathol. **24**, 1045, 1934.
Jones, L. und Giggings, N., U.S. Dep. Agr. Bur. Plant Ind. Bull. Nr. 245, 1912.

Karström, H., Erg. Enzymforsch. **7**, 350, 1938.
Kawahara, Bull. agric. Chem. Soc. Japan **5**, 7, 1929.
McKee, C. und McPhillamy, H., Proc. Soc. exp. Biol. Med. **53**, 247, 1943.
Keilin, D. und Harpley, C., Biochem. J. **35**, 688, 1941.
Kertesz, Z. Plant Physiol. **6**, 249, 1931; Erg. Enzymforschg. **5**, 233, 1936.
Kidder, G. und Dewey, V., Growth **6**, 405, 1942.
Köck, G., Fortschr. Landwirtsch. **6**, 518, 1931.
Kögl, F. und Fries, N., Z. physik. Chem. **249**, 93, 1937.
Köhler, E., Zbl. Bakteriol. Abt. 2, **78**, 222, 1929.
Köhler, A., Arb. Berl. Reichs. Akad. **19**, 263, 1931.
Koser, S. und Wright, M., J. Bacteriol. **46**, 239, 1943.
Kristofferson, K., Bot. Notizer. 149—163, 1921.
Kumler, W. und Daniels, T., J. Amer. chem. Soc. **65**, 2190, 1943.

Leonian, L. und Lilly, V., Phytopathol. **28**, 531, 1938; Science **95**, 658, 1942.
Leopold, H. und Starbanow, M., Biochem. Z. **314**, 232, 1943.
Lepik, E., Phytopathol. Z. **12**, 292, 1939.
Lewis, R., Paper Mich. Acad. Sci. **24**, Pt. 1, 31, 1938.
Lind, Jb. Wissensch. Bot. **32**, 603, 1898.
Lutz, L., C. R. Acad. Sci. Paris **199**, 893, 1934; Bull. Soc. Bot. France **75**, 9, 1928.

Macfarlan, M. und Salaman, M., Brit. J. exp. Pathol. **19**, 184—191, 1938.
Massee, G., Phil. Trans. Roy. Soc. London **197**, 7, 1905.
Meyer, G., Arb. biol. Reichsanst. Land- u. Forstwirtsch. **23**, 97, 1940.
Miwa, T. und Yishii, S., Sci. Rep. Tokio Bunrica Daigaky **1**, 243, 1934 (Chem. Abstr. **28**, 5854, 1934).

MIYOSHI, M., Bot. Z. **52**, 1, 1894; Jb. Wiss. Bot. **28**, 269, 1895.
MONTEMARTINI, J., Riv. di pat. veget. Nr. 5—6, 115, 1927.
MONTGOMERY, H., Ann. Appl. Biol. **23**, 465, 1936.
MÜLLER, K., Arb. biol. Reichsanst. Land- u. Forstwirtsch. **18**, 465, 1931.
MÜLLER, K. u. BÖRGER, H., Arb. biol. Reichsanst. Land- u. Forstwirtsch. **23**, 189, 1940.
MÜLLER, K. u. GRIESINGER, R., Angew. Bot. **24**, 130, 1942.
MÜLLER, K., MEYER, G. u. KLINKOWSKI, M., Naturwiss. **27**, 765, 1939.

NAGY, R., RIKER, A. und PETERSON, W., J. agric. Res. **57**, 545, 1938.
NEWTON, R. und ANDERSON, J., Canad. Res. I, 86, 1929.
NEWTON, R., LEHMANN, J. und CLARKE, A., J. Canad. Res. **1**, 5, 1929.
VAN NIEL, C., Ann. Rev. Biochem. **12**, 551, 1943.
NOBÉCOURT, P., Contribution à l'étude de l'immunité chez les végétaux. 176 S., 1928.

ORTON, C., Mycologia **16**, 49, 1924.

PAUL, W., Trans. Brit. Myc. Soc. **14**, 118, 1929.
PAVARINO, G., Atti Inst. Bot. R. Univ. Pavia II, **13**, 355, 1914.
PEARSON, N., J. agric. Res. **43**, 569, 1931.
PEDERSON, C. und FISCHER, P., J. Bacteriol. **47**, Nr. 5, 421, 1944.
PFEFFER, W., Unters. Bot. Inst. Tübingen **1**, 363, 1884.
PORTER, J., Bact. Chem. a. Physiology, 1073 S., New York, 1946.
POZZI-ESCOT, A., Bul. Assoc. Chim. Sucrerie **22**, 7, 1905.
PRINGSHEIM, H. und HENSEL, W., Ber. dtsch. chem. Ges. **64**, 1431, 1931.
PRINGSHEIM, H. und OHLMEYER, P., Ber. dtsch. chem. Ges. **65**, 1242, 1932.

RAGOSA, M., J. Bacteriol. **46**, 435, 1943.
RAHU, A. und CONN, J., Indian Eng. Chem. **36**, 185, 1944.
RAISTRICK, H., Ann. Rev. Biochem. **9**, 501, 1940.
REED, G., Bot. Rev. **1**, 119, 1935.
REILLY, D. und CURTIN, T., Biochem. J. **37**, Nr. 1, 36, 1943.
REYNOLDS, E., Ann. Missouri bot. gard. **18**, 57, 1931.
RHOADES, H., J. Bact. **42**, 99, 1941.
RICE, M., Bull. Torrey Bot. Club **54**, 63, 1927; Bot. Rev. **1**, 327, 1935; **11**, 288, 1945.
RIGLER, N. und GREATHOUSE, G., Amer. J. Bot. **27**, 701, 1940.
ROBBINS, W. und MA, R., Science, N. S. **46**, 2496, 1942; Bull. Torrey Bot. Club **70**, 190, 1943.
ROEMER-FUCHS-ISENBECK, Die Züchtung resistenter Rassen der Kulturpflanzen. Berlin 1938.

SALAMAN, R., Rapp. III Cong. intern. patholog. comp. **1**, Section de patholog. végétale, 167, 1936.
SAVULESCU, T., Rapp. III Congr. intern. patholog. comp. **1**, 183, 1936.
SCHAFFNIT, E. u. LÜDTKE, M., Ber. dtsch. bot. Ges. **50**, 444, 1932.
SCHMITZ, H., Amer. J. Bot. **12**, 163, 1925.
SCHOPFER, W., C. r. Soc. Phys. Hist. Nat. Geneve **49**, 70, 1932; Plants and Vitamins. New York, 1943.
SEVAG, M., Adv. Enzymol. **6**, 33, 389, 1946.
SEVAG, M. und SHELBURNE, M., J. gen. Physiol. **26**, 1, 1942.
SMITH, A. und PETERSON, W., Biochem. J. **31**, 1992, 1937.
SMITH, F., WALKER, J. and HOOKER, W., Amer. J. Bot. **33**, 351, 1946.
SMITH, O., J. agric. Res. **57**, Nr. 9, 671, 1938.
STAHMAN, LINK, K. und WALK, J. agric. Res. **67**, 49, 1943.
STAKMAN, E. und HART, H., Rapp. III Congr. intern. patholog. comp. **1**, 2, 253, 1936.
STARKEY, R. und WAKSMAN, S., J. Bacteriol. **45**, 509, 1943.
STUART, L. und HARRIS, T., Brit. exp. Pathol. **23**, 166, 1942; Cereal Chem. **19**, 288, 1942.
SZENT-GYORGYI, A. u. VIETORISZ, K., Biochem. Z. **233**, 236, 1931.

TATUM, E., Ann. Rev. Biochem. **13**, 667, 1944.
TAYLOR, H., Proc. Soc. exp. Biol. Med. **52**, 299, 1943.
THATCHER, F., Amer. J. Bot. **26**, 449, 1939; Canad. J. Res. C **20**, 283, 1942; C **21**, 151, 1943.
THIMANN, K., J. Biol. Chem. **109**, 279, 1934.
TSUCHIJA, H., DRAKE, C. und OTH, J. Bacteriol. **47**, 422, 1944.

TIMONIN, M., Canad. J. Res. C **18**, **444**, 1940.
TITEL, A. und GOOLD, B., J. Bacteriol. **42**, 513, 1940.

VALLEAU, W., J. agric. Res. **5**, 365, 1915.

WAKSMAN, S., Chron. Bot. **6**, 145, 1940; Bacteriol. Rev. **5**, 231, 1941; Microbiol. antagonism und antibiotic substances. New York, 1945.
WAKSMAN, S. und BUGIE, E., Proc. Nat. Acad. Sci. U.S.A. **24**, 282, 1943.
WAKSMAN, S. und FOSTER, J., J. agric. Res. **57**, 873, 1938.
WAKSMAN, S. und TISHLER, N., J. Biol. Chem. **142**, 519, 1942.
WALKER, J., J. agric. Res. **24**, 1019, 1923; Proc. int. Congr. Plant. Soc. Ithaca **2**, 1263, 1929; Bot. Rev. **7**, 458, 1941.
WALKER, J. und LINK, K., Bot. Gaz. **98**, 468, 1935.
WALKER, J. und LINDEGREEN, C., J. agric. Res. **29**, 507, 1924.
WALKER, J., LINDEGREEN, C. and BACHMANN, F., J. agric. Res. **30**, 175, 1925.
WALLER, C. und GISVOLD, Thesis Univ. of Minnesota, 1942.
WILTSHIRE, R., Ann. Appl. Biol. **1**, 335, 1915.
WINGARD, F., Bot. Rev. **7**, 59, 1941.
WINGARD, S., Va. Agr. exp. Sta. Tech. Bull. **51**, 3, 1933; Phytopathol. **23**, 38, 1933.

Sachverzeichnis

(Zusammengestellt von Dr. habil. M. Ulmann)

FSC
www.fsc.org
MIX
Papier | Fördert
gute Waldnutzung
FSC® C083411

Zeitfracht Medien GmbH
Ferdinand-Jühlke-Straße 7
99095 Erfurt, Deutschland
produktsicherheit@kolibri360.de